W0269681

WERKSTATTBÜCHER

FÜR BETRIEBSANGESTELLTE, KONSTRUKTEURE UND FACHARBEITER. HERAUSGEGEBEN VON DR.-ING. H. HAAKE, HAMBURG

Jedes Heft 50—70 Seiten stark, mit zahlreichen Abbildungen

Die Werkstattbücher behandeln das Gesamtgebiet der Werkstattstechnik in kurzen selbständigen Einzeldarstellungen: anerkannte Fachleute und tüchtige Praktiker bieten hier das Beste aus ihrem Arbeitsfeld, um ihre Fachgenossen schnell und gründlich in die Betriebspraxis einzuführen.

Die Werkstattbücher stehen wissenschaftlich und betriebstechnisch auf der Höhe, sind dabei aber im besten Sinne gemeinverständlich, so daß alle im Betrieb und auch im Büro Tätigen, vom vorwärtsstrebenden Facharbeiter bis zum leitenden Ingenieur, Nutzen aus ihnen ziehen können.

Indem die Sammlung so den Einzelnen zu fördern sucht, wird sie dem Betrieb als Ganzem nutzen und damit auch der deutschen technischen Arbeit im Wettbewerb der Völker.

Einteilung der bisher erschienenen Hefte nach Fachgebieten

I. Werkstoffe, Hilfsstoffe, Hilfsverfahren

II. Spangebende Formung

(Fortsetzung 3. Umschlagseite)

WERKSTATTBÜCHER

FÜR BETRIEBSANGESTELLTE, KONSTRUKTEURE UND FACH-
ARBEITER. HERAUSGEBER DR.-ING. H. HAAKE, HAMBURG

HEFT 95

Werkzeugeinrichtungen auf Mehrspindelautomaten

Von

Fritz Petzoldt

Oberingenieur, Birmingham

Mit 132 Abbildungen

Springer-Verlag

Berlin/Göttingen/Heidelberg

1953

ISBN-13: 978-3-540-01763-9   e-ISBN-13: 978-3-642-88700-0
DOI: 10.1007/978-3-642-88700-0

Inhaltsverzeichnis.

Vorwort.

Das vorliegende Heft ist als Fortsetzung des Heftes 83 „Werkzeugeinrichtungen auf Einspindel-Automaten" entstanden. Auch hier gilt, wie dort schon gesagt, daß die Kenntnis der Maschinenkonstruktion vorausgesetzt werden muß, da hierüber Schrifttum vorhanden ist und der Umfang des Heftes nur gestattet, das Notwendigste davon zu bringen. Die Wirtschaftlichkeitsberechnung beim Einsatz von Mehrspindlern ist schon in Heft 71 behandelt. Aus Raummangel mußte leider auch darauf verzichtet werden, die Werkzeugeinrichtungen für die Automaten mit feststehenden Werkstücken (System Prentice) und für die Futterautomaten mit senkrechten Arbeitsspindeln besonders zu behandeln. Andererseits sind die gebräuchlichen Mehrspindel-Automaten mit waagerechten Arbeitsspindeln im Aufbau ziemlich einheitlich gehalten, so daß eine Unterteilung des Stoffes in verschiedene Bauarten im Gegensatz zu den Einspindel-Automaten nicht notwendig war.

An dieser Stelle sei auch den Herstellerfirmen Dank ausgesprochen, welche entgegenkommend Zeichnungsunterlagen und Bilder zur Verfügung stellten.

I. Grundsätzliches über Aufbau und Einsatz der Mehrspindel-Automaten.

1. Entwicklung der Mehrspindel-Automaten. Der Mehrspindel-Automat ist eine Weiterentwicklung der selbsttätigen einspindeligen Revolver-Drehbank mit dem Zweck, eine wesentlich gesteigerte Leistung auf einem nur wenig größeren Flächenraum zu erreichen.

Beim Einspindel-Automaten werden die axial arbeitenden Werkzeuggruppen, meist vier bis sechs, in einem längsbeweglichen Revolverkopf aufgenommen, der nach jedem Arbeitsgang selbsttätig ein neues Werkzeug in Arbeitsstellung schaltet. Die Herstellungszeit für ein Arbeitsstück ergibt sich daher aus der Summe der Laufzeiten für die einzelnen Arbeitsstufen, zuzüglich der Leerzeiten für das mehrmalige Schalten und der Zeit für das Vorschieben und Spannen der Werkstoffstange. Der Vorteil gegenüber der handbetätigten Revolver-Drehbank liegt daher lediglich in der Verkürzung der Schaltzeiten und in der Möglichkeit der Mehrmaschinenbedienung.

2. Die Vorteile der Mehrspindel-Automaten. Beim Mehrspindel-Automaten wird eine beträchtliche Leistungssteigerung dadurch erzielt, daß alle Werkzeuggruppen gleichzeitig arbeiten und außerdem nur einmal die Leerzeit für das Zurückbewegen der Werkzeuge und das Schalten der Spindeltrommel einzusetzen ist. Der Faktor für diese Leistungssteigerung gegenüber dem Einspindler ist zwar nicht gleich der Anzahl der Arbeitsspindeln zu setzen, da der längste Teilarbeitsweg die Laufzeit bestimmt und die Arbeitspindeln nur mit einer Drehzahl laufen, doch kann beispielsweise bei einem Vierspindel-Automaten im allgemeinen die Leistung gleich dem Dreifachen eines entsprechenden Einspindel-Automaten angenommen werden.

Wird ferner noch berücksichtigt, daß die Bodenfläche nur etwa das eineinhalbfache des Einspindlers beträgt und eine gleichmäßigere Ausnutzung des Antriebsmotors möglich ist, so ergibt sich meist eine klare Überlegenheit des Mehrspindel-Automaten, wenn genügende Mengen Arbeitsstücke zu fertigen sind.

Besonders vorteilhaft ist bei den Mehrspindel-Automaten auch die günstige Anordnungsmöglichkeit der Werkzeuge und der Zusatzeinrichtungen, da hierfür meist bedeutend mehr Raum zur Verfügung steht als beim Einspindler. Die größere Anzahl der Querschlitten gestattet, die Außenbearbeitung des Werkstückes weitgehend zu unterteilen. Beim Einspindel-Automaten sind meist nur zwei Querschlitten vorhanden, wozu noch ein dritter oberer Schlitten treten kann, der aber wegen der seitlichen Führung nur als Abstechschlitten zu verwenden ist.

Beim Mehrspindler kann dagegen meist für jede Arbeitsspindel auch ein Querschlitten eingesetzt werden. Stehen also beispielsweise bei einem Sechsspindler 6 Querschlitten zur Verfügung, so ist es verständlich, daß auch die Bearbeitung von Werkstücken mit schwierigen Außenformen möglich ist, welche auf dem Einspindler nicht immer vollständig fertiggestellt werden können.

Abb. 1. Sechsspindel-Stangenautomat.

Bei starker Spanabnahme am Werkstück bietet die Verteilung auf mehrere Werkzeuggruppen und Spindellagen den Vorteil, die Standzeit der verschiedenen belasteten Werkzeuge besser untereinander abzustimmen.

3. Bauarten der Mehrspindel-Automaten. Es sei hier kurz auf die verschiedenen Bauformen der Automaten hingewiesen.

a) Mehrspindel-Automaten mit *waagerecht* gelagerten Arbeitsspindeln. Dies sind die gebräuchlichsten Bauformen, sie können ausgebildet sein als:

1. Stangen - Automaten (Abb. 1), auch mit selbsttätiger Ladeeinrichtung für Preßteile oder dgl.

2. Futter-Halbautomaten (z. B. Abb. 2), und zwar mit umlaufenden Arbeitsspindeln oder feststehenden Werkstückaufnahmen. Diese letzte Bauart ist hauptsächlich für Armaturen und sperrige Formteile geeignet.

Abb. 2. Vierspindel-Futterautomat.

b) Mehrspindel-Automaten mit *senkrecht* gelagerten Arbeitsspindeln. Diese werden in der Hauptsache als sechsspindelige Futter-Halbautomaten für größere Drehdurchmesser gebaut.

Auch zur Bearbeitung von Stangenwerkstoff ist eine Ausführung mit senkrechten Arbeitsspindeln bekannt. Der geringeren Bodenfläche steht die größere Bauhöhe gegenüber und ungünstigere Einbringung der Werkstoffstangen.

II. Die Spannvorrichtungen an Mehrspindel-Automaten.

4. Spannvorrichtungen an Stangen-Automaten. Zum Spannen von stangenförmigem Werkstoff werden auf Zug wirkende Spannzangen verwendet, wie diese vom Einspindel-Automaten her bekannt sind (Abb. 3). Der vordere Spindelkopf, der die Spannzange aufnimmt, ist möglichst kurz gehalten, damit die Einspannung dicht am vorderen Spindellager liegt. Das Spannrohr wird durch Spannmuffe und Spannfinger zurückgezogen. Diese Zugspannzangen gestatten gedrängten Bau der Arbeitsspindel und öffnen stets mit Sicherheit beim Vorschieben der Werkstoffstange. Zum Ausgleich der Toleranzen der gezogenen Stangen nach DIN 668 sind hinter den Spannfingern c starke wellenförmige Federn d eingeschaltet.

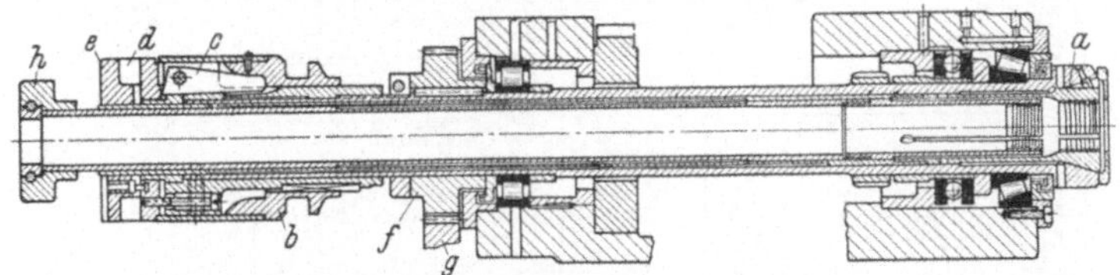

Abb. 3. Arbeitsspindel eines Stangen-Automaten.

a Spannzange, auf Zug wirkend; b Spannmuffe; c Spannfinger; d Ausgleichfeder; e Stellmutter auf dem Spannrohr; f Spindeltriebrad; g Zentralantriebsrad. Als vorderes Lager ist ein einstellbares Kegelrollenlager eingebaut; der Längsdruck wird durch ein Längslager aufgenommen. h Vorschubmuffe auf dem Vorschubrohr, wird durch den Vorschubschieber in der Spannlage betätigt.

Da die Spannzangen beim Mehrspindel-Automaten infolge der Spannhäufigkeit starkem Verschleiß unterliegen, empfiehlt es sich, stets volle Zangen zu verwenden. Bei Spannzangen mit Einsatzbacken ist deren Befestigung meist ungenügend. Es besteht die Gefahr, daß die Werkstoffstangen beim Einführen gegen die Einsatzbacken gestoßen werden. Dadurch lockern diese sich leicht und lassen feine Späne in die Fugen dringen, was häufig Ursache zu Brüchen ist. Nur bei geringen Stückzahlen der zu fertigenden Teile bietet der häufige Wechsel der Spannwerkzeuge Gelegenheit zur Kontrolle und zu rechtzeitigem Beheben der Schäden.

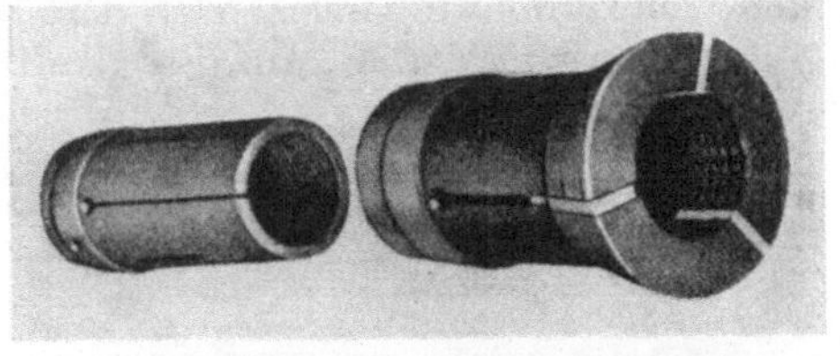

Abb. 4. Volle Spannzange und Vorschubzange. Schlitze mit Filzstreifen abgedichtet. Längsnuten der Spannflächen gehen nicht bis nach vorn durch.

Auch bei vollen Spannzangen ist es wichtig, das Eindringen von Spänen in den Spindelkopf und das Spannrohr durch die Schlitze zu verhindern. Am besten geschieht dies durch Ausfüllen der Schlitze mit passenden Streifen aus Filz, Buna oder elastischem Mipolam (Abb. 4).

Wenn die Bohrung der Spannzange außer Rillen auch mit axialen Nuten (Pflaster) versehen wird, dürfen letztere nicht bis zum vorderen Rand durchgehen, damit die Späne dort nicht eindringen können.

Die Spannzangen erfordern sorgfältige Herstellung, sowohl in der Genauigkeit als auch in der Härtung. Als Werkstoff bewährt sich am besten ein Federstahl mit einem C Gehalt von weniger als 1%, damit genügend Zähigkeit und Federung bleibt. Man kann auch die Oberfläche ganz wenig aufkohlen, um hier eine gute Verschleißhärte zu erreichen. Nach dem Härten ist zunächst die Bohrung zu schleifen und von dieser ausgehend auf einem Dorn die Außenform fertig zu schleifen. Die vorher bis auf etwa 1 mm vorgefrästen Schlitze sind nach dem Schleifen ganz zu trennen. Die Vorschubzangen sind bei kleineren Werkstoffdurchlässen meist zweiteilig, bei größeren Durchmessern dreiteilig geschlitzt. Schleifen ist nicht notwendig, da keine Genauigkeit erforderlich ist.

Über die besondere Ausführung der Spannwerkzeuge bei Anwendung der selbsttätigen Ladeeinrichtung siehe Kap. VII.

5. Spanneinrichtungen für Futter-Halbautomaten. Zum Spannen von gegossenen, gepreßten oder abgestochenen Werkstücken wird zur Betätigung der

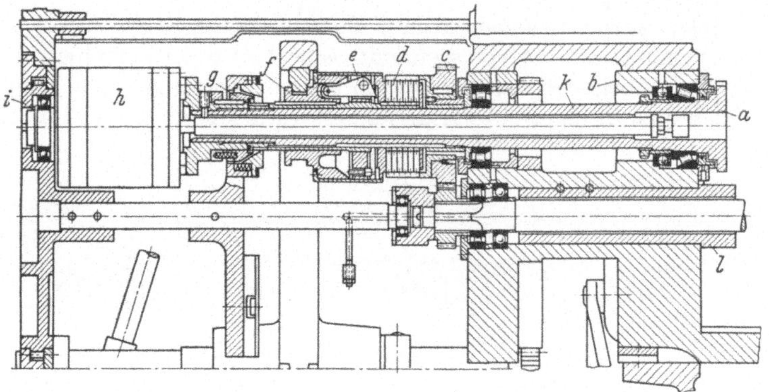

Abb. 5. Arbeitsspindel eines Futter-Automaten.

a Arbeitsspindel; *b* Spindeltrommel; *c* Spindeltriebrad; *d* Lamellenkupplung; *e* Spannfinger; *f* Spannmuffe; *g* Spindelbremse wird durch Spannmuffe *f* bei deren Rückgang betätigt; *h* doppelt wirkender Spannzylinder für Druckluft; *i* Abstützscheibe für die Spannzylinder; *k* Zugstange zur Steuerung der Spannvorrichtungen; *l* Führungsrohr für den Werkzeugschlitten.

notwendigen Backenspannfutter, Spanndorne oder dgl. entweder Preßluft, Hydraulik oder ein Elektro-Motor verwendet. Übertragen wird die Spannkraft auf das Spannfutter durch eine Zugstange, die in der Bohrung der Arbeitsspindel liegt und vom Preßluftzylinder oder dem Elektrospanner am hinteren Spindelende gesteuert wird (Abb. 5). Auf diese Kraftspanner braucht hier nur kurz eingegangen

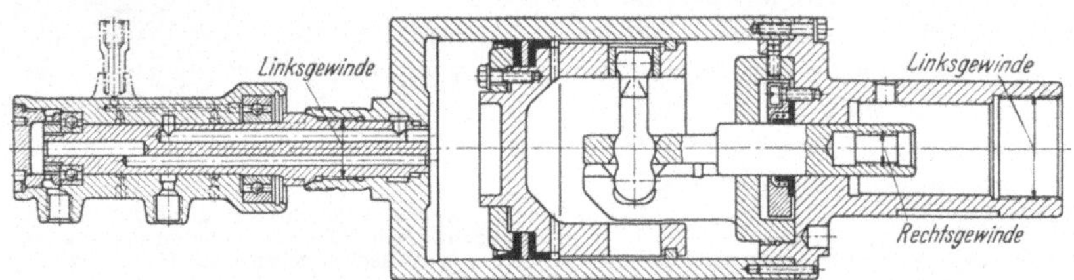

Abb. 6. Preßluft-Spannzylinder mit Hebelübersetzung 1:4.

Der auf die Kolbenfläche wirkende Luftdruck wird über den eingebauten Hebel im Verhältnis 1:4 verstärkt. Der Weg der Zugstange ist dementsprechend ¼ des Kolbenweges.

zu werden, da sie stets fertig eingebaut mit der Maschine geliefert werden. Die Abmessungen der Spindeltrommel verlangen eine gedrängte Bauart der Preßluftzylinder bei möglichst großer Spannkraft. Man verwendet daher doppelte Kolben oder baut eine Hebelübersetzung zwischen Kolben und Zugstange ein (Abb. 6). Dadurch kann die drei- bis vierfache Kolbenkraft als Spannkraft erreicht werden.

Bei elektrischer Spannung werden nicht einzelne Motore auf jede Arbeitsspindel gesetzt, sondern ein kräftiger Motor wird jedesmal mit der Zugstange der jeweils in die Spannlage geschalteten Arbeitsspindel gekuppelt (Abb. 7).

Um eine Dauerspannung zu erzielen, ist zwischen Zugstange und Arbeitsspindel ein selbsthemmendes Schraubengetriebe eingebaut, wobei eine starke Druckfeder als Kraftspeicher wirkt.

Jede Arbeitsspindel muß in der Spannlage vom Antrieb abschaltbar sein, damit das Arbeitsstück bei Stillstand aus- und eingespannt werden kann. Wie Abb. 5 zeigt, ist das Antriebsrad mit der Spindel durch eine Lamellenkupplung verbunden, die in der Spannlage den Antrieb abschaltet, wobei gleichzeitig die Spindel durch eine Bremse stillgesetzt wird. Zum Aus- und Einspannen steht meist ein großer

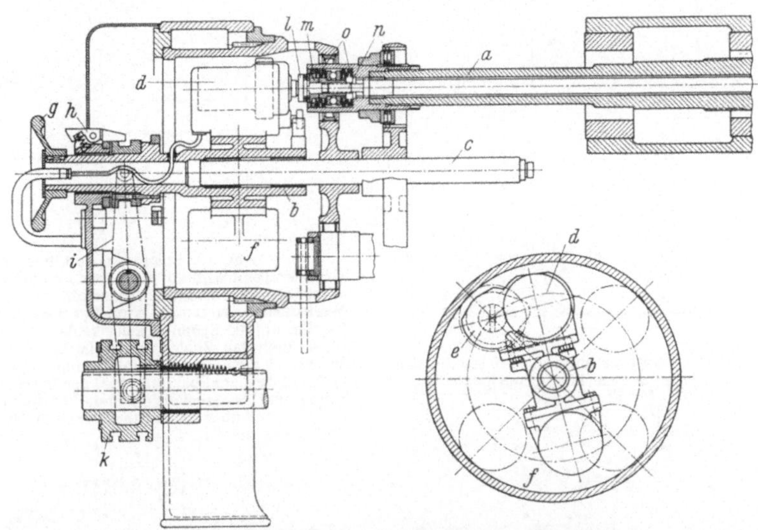

Abb. 7. Elektrospanner für Vierspindel-Futterautomat.

a Hauptspindel, hinteres Ende. Der Lagerkörper b sitzt drehbar auf der Welle c, welche mit der Mittelwelle der Spindeltrommel verbunden ist. Auf dem Körper b sitzen der Elektromotor d und das Vorgelege e mit der Kupplungswelle l. Zum Ausgleich dieser Teile ist das Gegengewicht f angebracht. Der Spanner kann durch Schwenken am Handrad g in jede beliebige Spindellage gebracht werden. Die Sicherung der einzelnen Stellungen geschieht durch die Raste h. Durch eine besondere Kurve auf der Kurventrommel k wird der Hebel i bewegt und nimmt den Körper b und damit die Kuppelwelle axial mit. Die Kupplung l kommt beim Vorgehen in Eingriff mit der Kupplung m, die in die Spindel eingebaut ist. Die Kupplungshälfte m ist gleichzeitig als Gewindemutter ausgebildet und schraubt bei ihrer Drehung die Spindel n hin und her. Die Spindel ist gleichzeitig Zugstange zur Betätigung des Spannfutters. Die Tellerfedern o dienen als Kraftspeicher, um Lockerung des Futters zu verhindern. Durch einen handbedienten Schalter wird der Elektromotor in der Spannstellung eingeschaltet, wenn eine Signallampe anzeigt, daß die richtige Stellung erreicht ist. Durch das Geräusch einer Überlastungskupplung hört der Bedienungsmann, wann die Spannung bzw. Entspannung beendet ist.

In dem Futterkörper a bewegen sich radial die Grundbacken b, gesteuert durch Zugkolben c. Der Zugkolben wird über die Verbindungsschraube e von der Zugstange d bewegt. Die Verbindungsschraube e ist von der Futterstirnseite aus verstellbar, um die genaue Lage des Zugkolbens zum Kraftspanner einzustellen. f Aufsatzbacke zur Grundbacke h.

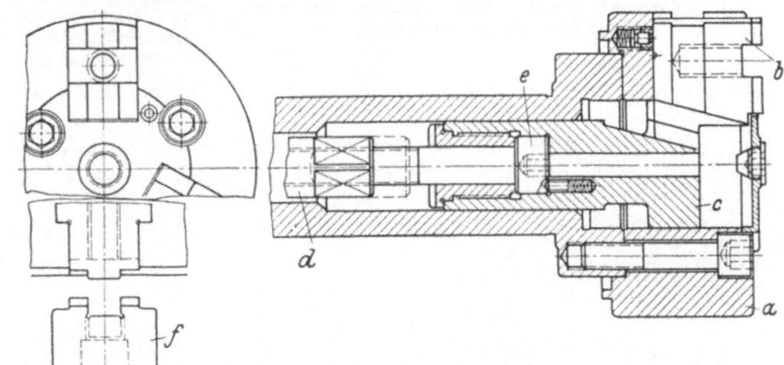

Abb. 8. Dreibacken-Kraftspannfutter Bauart Forkardt.

Teil der Arbeitsstückzeit des Automaten zur Verfügung. Bevor nach dem Rückgang der Werkzeugschlitten der neue Arbeitstakt beginnt, schaltet ein Sicherungsnocken auf der Kurventrommel den Vorschubantrieb ab, um Unfälle zu verhüten, falls der Arbeiter aus irgend einem Grunde nicht früh genug mit der Spannung des Werkstückes fertig wurde. Ist dagegen die Spannung rechtzeitig erledigt, so kann jedesmal durch Ziehen eines Hebels das Abschalten und der damit verbundene Zeitverlust vermieden werden.

Zum Spannen der Werkstücke wird man in den meisten Fällen mit üblichen Zwei- oder Dreibacken-Futtern auskommen. Abb. 8 u. 9 zeigen solche Spann-

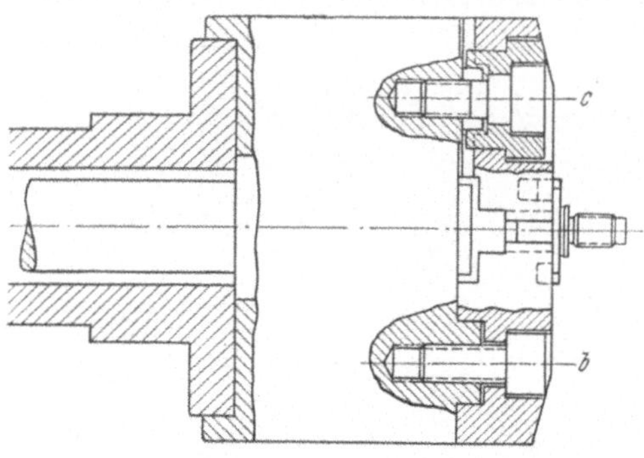

Abb. 9. Zweibackenfutter mit einer feststehenden Backe b und einer beweglichen, pendelnden Backe c für Formteile.

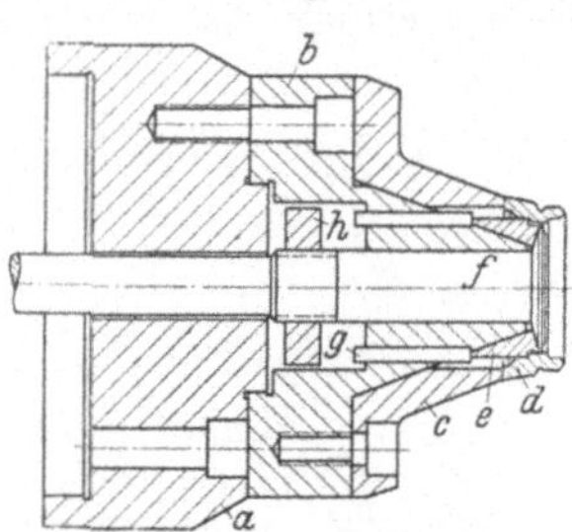

Abb. 10. Spanndorn mit Backen.
Grundkörper a wird auf der Arbeitsspindel befestigt und verbleibt dort, während der Spannkörper b für verschiedene Werkstücke ausgetauscht wird. Der Spannkörper ist vorn kegelig, um die Spannbacken e radial zu bewegen, wenn diese durch den Zugbolzen f axial bewegt werden. Das Werkstück d stützt sich beim Spannen gegen den Flansch c. Zum Lösen der Spannung wird der Bolzen f nach rechts bewegt und löst dabei die Spannbacken durch die Mutter h über die Stifte g zwangsläufig.

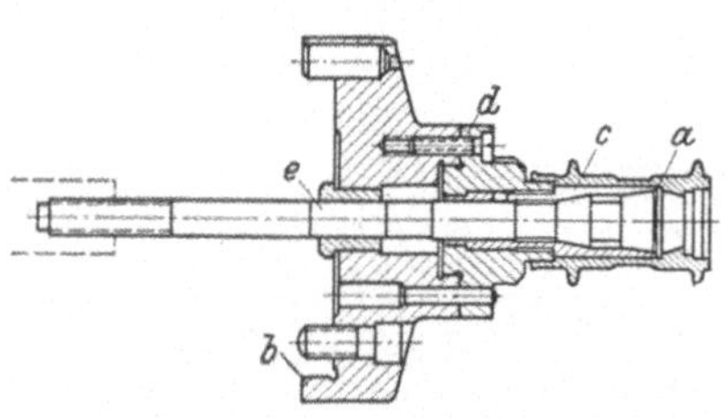

Abb. 11. Spreizdorn zur Aufnahme einer vorgearbeiteten Fahrradnabe aus Temperguß.

a Werkstück; b Flansch auf der Spindel; c Spreizdorn, geschlitzt; d Führungs- und Anschlaghülse; e Zugdorn mit Kegel, durch Zugstange mit dem Preßluft-Zylinder verbunden.

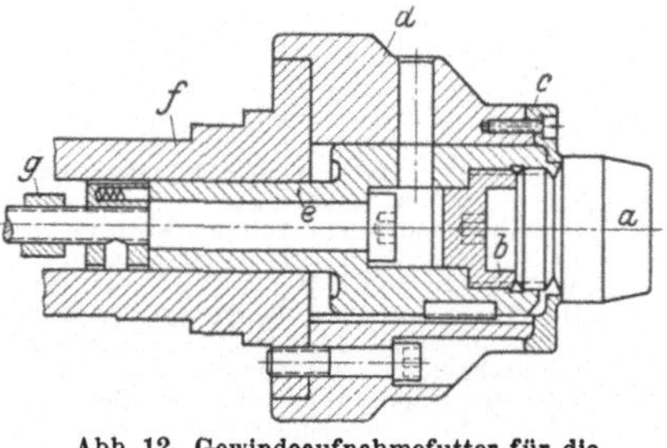

Abb. 12. Gewindeaufnahmefutter für die Bearbeitung der 2. Seite.
a Werkstück; b Voranschlag; c Hauptanschlag; d Futterkörper; e Futterkolben; f Arbeitsspindel; g Zugstange zum Druckluftzylinder. Das Teil wird von Hand bis zur Anlage am Voranschlag eingeschraubt, durch die Zugstange wird dann die Schulter gegen den Hauptanschlag gezogen.

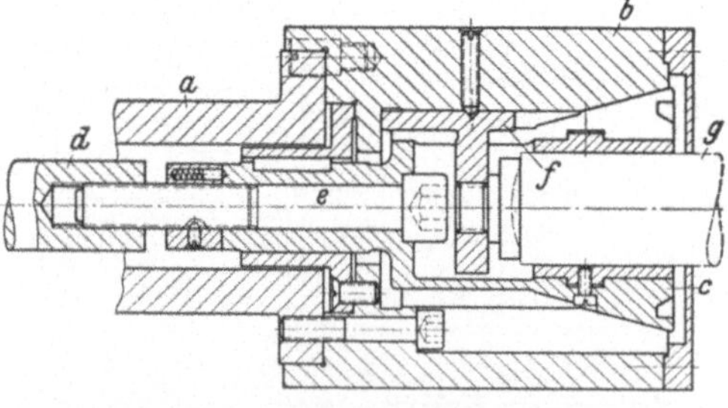

Abb. 13. Zangenspannfutter für Halbautomaten.
Auf der Arbeitsspindel a wird der Futterkörper b befestigt, in welchem sich die Spannzange c bewegt. Die Zange wird über die Verbindungsschraube e durch die Zugstange d vom Kraftspanner der Maschine betätigt. Das Werkstück g wird von Hand ein- und ausgespannt und durch die Rückzugbewegung der Zange fest gegen den Anschlag f gezogen, welcher im Futterkörper b eingebaut ist und durch die Schlitze der Spannzange hindurchtritt.

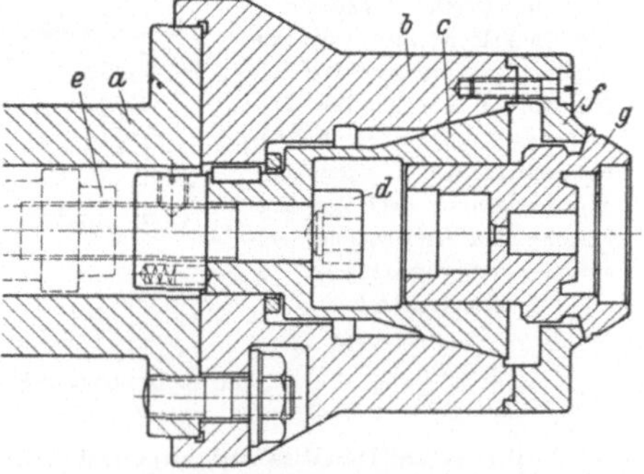

Abb. 14. Zangenfutter für Halbautomaten mit Außenanschlag.

a Arbeitsspindel; b Futterkörper; c Spannzange; d Verbindungsschraube; e Zugstange; f Anschlagring, gegen den sich die Schulter des Werkstückes g durch den Zug der Spannzange fest anlegt.

futter der Bauart FORKARDT, deren Wirkungsweise hier als bekannt vorausgesetzt werden kann.

Für manche Arbeitsstücke müssen Sonderspannvorrichtungen geschaffen werden, z. B. Zangenfutter, Spanndorne, Gewindeaufnahmen u. dgl. Die Abb. 10 bis 15 zeigen einige Ausführungsbeispiele solcher Spannvorrichtungen. Nach Möglichkeit soll man versuchen, die eigentlichen Werkstückaufnahmen daran auswechselbar zu gestalten, um die Vorrichtung für mehrere ähnliche Werkstücke benutzen zu können und die Kosten für die Verschleißteile gering zu halten.

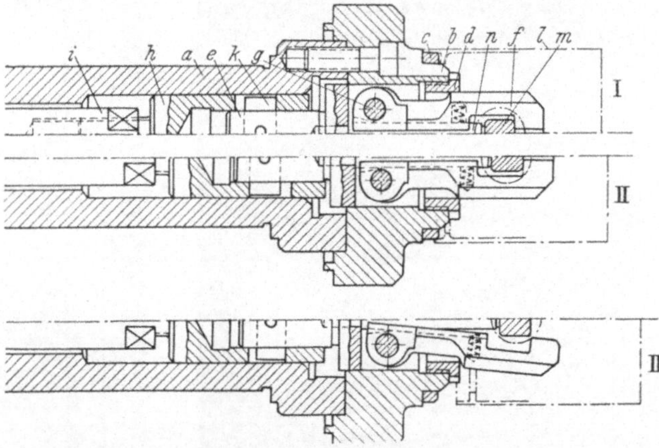

Ferner sind folgende wichtige Punkte zu beachten: Die Einspannung muß möglichst rasch und sicher mit einer Hand vorgenommen werden können. Bei Gewindeaufnahmen genügt es, nur etwa 2 Gang tragen zu lassen.

Hilfsanschläge sollen, wenn erforderlich, das Teil unverwechselbar in die richtige Lage bringen, ohne daß besondere Kontrolle nötig ist. Spannflächen und Anschläge sind so anzubringen und auszusparen, daß sich keine Späne festsetzen können oder allenfalls leicht mit dem Kühlöl ausgespült werden.

Abb. 15. Spannvorrichtung für einen Leichtmetallkolben.
a Arbeitsspindel; *b* Futterkörper; *c* Zentrierring; *d* Führungsring; *e* Futterkolben mit angelenkten Spannfingern *f*, drehbar um die Bolzen *g*. Der Futterkolben wird hin- u. herbewegt durch Zwischenkolben *h* und Zugstange *i*. Die Mitnahme geschieht durch den Bolzen *k*. Das Werkstück *l* ist im Zentrierrand bereits bearbeitet und wird mit diesem auf den Ring *c* gesteckt. Durch die Kolbenbolzenbohrungen wird der Querstift *m* gesteckt, der beim Zurückziehen des Kolbens *h* durch die Spannfinger erfaßt und nach hinten gezogen wird. Der Stift *k* hat im Kolben *h* etwas Leerweg, so daß das Arbeitsstück nach dem Vorstoßen des Kolbens *h* (II) weiter vorgezogen werden kann und sich die Spannfinger durch weiteres Vorziehen des Kolbens *e* von selbst öffnen.
I Kolben in gespannter Stellung;
II Abdrücken des Kolbens vom Zentriersitz *c* (durch Preßluft), Spannfinger *f* sind noch geschlossen;
III Beim Abziehen des Kolbens von Hand öffnen sich die Spannfinger.

Um Erschütterungen beim Drehen zu vermeiden, sind die Spannvorrichtungen möglichst kurz zu bauen. Sind ähnliche Spannvorrichtungen häufig zu wechseln, so ist es zweckmäßig, einen kurzen Zwischenflansch auf die Arbeitsspindel zu setzen, der darauf verbleiben kann, um deren Abnutzung gering zu halten.

III. Der Hauptwerkzeugschlitten und seine Werkzeuge.

6. Gestaltung der Hauptwerkzeugschlitten. Der Hauptwerkzeugschlitten nimmt in erster Linie die axial arbeitenden Werkzeuge auf, z. B. für das Überdrehen, Bohren, Reiben, Gewindeschneiden usw. Jeder Arbeitsspindel gegenüber steht eine Aufnahme-Bohrung für die Schaftwerkzeuge zur Verfügung und meist auch eine Spannfläche zur Befestigung weiterer Stahlhalter. Sind für die Schaftwerkzeuge längsverstellbare Werkzeugträger vorgesehen, so ergibt sich der Vorteil, daß diese so dicht wie möglich an die Arbeitsspindel gerückt werden können, um kurz eingespannte Werkzeughalter zu erreichen (Abb. 16 u. 17). Solche Werkzeugträger können auch ganz abgenommen werden, um auf den Spannflächen größere Blockstahlhalter oder sonstige Vorrichtungen zu befestigen.

Abb. 16. Arbeitsraum eines Vierspindel-Automaten.

a Arbeitsspindeln; *b* Hauptschlitten; *c* unterer Querschlitten; *d* oberer Querschlitten; *e* Queranschläge an den Querschlitten; *f* Anschlagschrauben an der Spindeltrommel; *g* Werkstoffanschlag.

Abb. 17. Arbeitsraum eines Sechsspindel-Futterautomaten.

a Arbeitsspindeln; *b* Hauptwerkzeugschlitten; *c* unterer Querschlitten; *d* oberer Querschlitten; *e* zusätzlicher Querschlitten; *f* Queranschläge für die Querschlitten.

Der Hauptwerkzeugschlitten kann ferner noch eine Reihe wichtiger Zusatzeinrichtungen aufnehmen, wie beispielsweise zum Schnellbohren, Gewindeschneiden, Reiben mit unabhängiger Vorschubbewegung und dgl., wie diese in Kap. IV erläutert sind.

Abb. 18. Arbeitsraum eines Sechsspindel-Stangenautomaten.

a Hauptspindeln; *b* Hauptschlitten; *c* Querschlitten; *d* oberer Querschlitten; *e* zusätzlicher Querschlitten als Abstechschlitten.

Bei einer anderen Bauart trägt der Werkzeugschlitten ein Gehäuse, in welchem 4 bzw. 6 große Längsbohrungen den Arbeitsspindeln gegenüberstehen. In diese Bohrungen können entweder Aufnahmehülsen für die Schaftwerkzeuge fest eingesetzt werden oder auch Vorschubpinolen für Zusatzeinrichtungen mit unab-

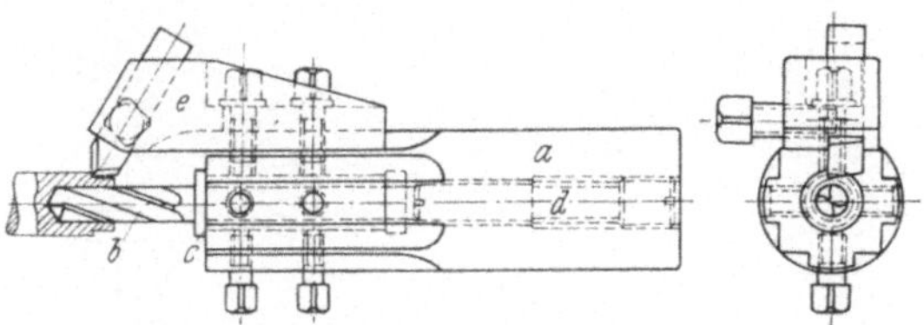

Abb. 19. Aufnahmehalter für Spiralbohrer.

In dem Halter *a* wird der Spiralbohrer *b* mittels Zwischenhülse *c* befestigt. Der Bohrer wird durch eine Stützschraube *d* gegen axiale Verschiebung abgefangen. Auf dem Körper *a* kann ein Stahlhalter *e* befestigt werden, der zur Aufnahme eines gleichzeitig arbeitenden Überdrehstahles dient.

hängiger Bewegung, Gewinde- oder Schnellbohreinrichtungen. Das Gehäuse trägt ferner, den Arbeitsspindeln zugekehrt, einen kurzen, prismatischen Werkzeugträger mit Spannflächen für die Drehwerkzeuge (Abb. 18).

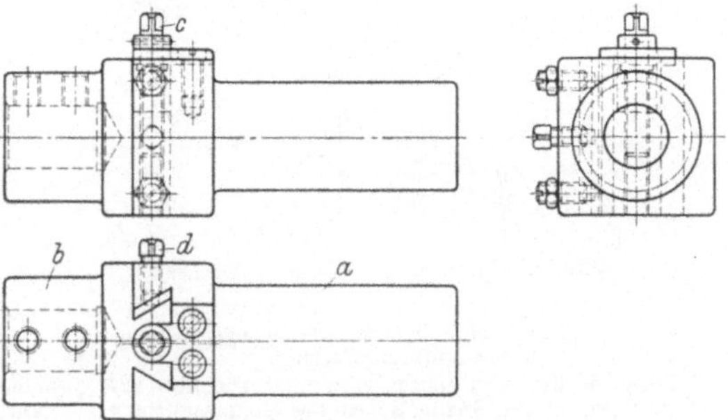

Abb. 20. Werkzeughalter mit Schaft für Feineinstellung. Zum Fertigbohren kann die Bohrstange oder der Hakenstahl in diesem Halter radial auf genaues Maß eingestellt werden, ohne den Stahl zu lockern.

a Halterkörper; *b* Aufnahme für das Werkzeug mit Führungsprisma. Die Stellschraube *c* besitzt Feingewinde und verstellt die Werkzeugaufnahme *b*. Durch die Klemmschraube *d* wird die Aufnahme nach dem Einstellen fest mit dem Grundkörper gekuppelt.

7. Gewöhnliche Werkzeughalter für den Hauptwerkzeug-Schlitten.

Zur Aufnahme von Bohrwerkzeugen dienen Zwischenhalter mit Schaft. Bohrer mit zylindrischem Schaft erfordern auswechselbare Einsatzbüchsen. Zwischenhalter mit Innenkegel gestatten die Aufnahme von Bohrern mit Kegelschaft. Für leichtere Langdreharbeiten kann auf dem Halter ein längsverstellbarer Stahlhalter aufgesetzt werden (Abb. 19). Für das Fertigbohren können verstellbare Halter nach Abb. 20 verwendet werden.

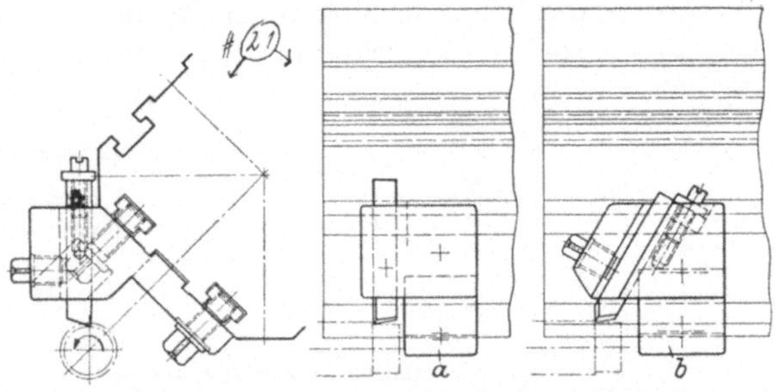

Für schwerere Dreharbeiten werden Überdrehstahlhalter nach Abb. 21 unmittelbar auf dem Werkzeugträger befestigt, welche einen oder mehrere Stähle aufnehmen können.

Abb. 21. Überdrehstahl auf dem Werkzeugschlitten. Diese Stahlhalter werden auf die Spannflächen des Werkzeugschlittens gesetzt mit Ausbildung nach *a* für geraden oder nach *b* für schrägliegenden Stahl.

Weitere übliche Stahlhalter sind die Rollendrehwerkzeuge, die entweder mit einem Schaft in die Aufnahmebohrung oder mit einer Grundplatte auf die Spannflächen des Werkzeugträgers gesetzt werden (Abb. 22 u. 23).

Erstere Ausführung hat den Vorteil, daß der Halter beliebig in verschiedene Ebenen gedreht werden kann, um benachbarte Stähle oder Halter nicht zu stören. Dagegen sind die zu bearbeitenden Drehdurchmesser durch die Bohrung im Schaft begrenzt. Die Halter mit Grundplatte sind kräftiger, müssen aber für die einzelnen

Spindellagen unterschiedlich ausgebildet sein wegen der Drehrichtung der Arbeitsspindeln und der Druckrichtung der Seitenschlittenstähle. Das gleiche gilt für
die einfachen Rollengegenführungen Abb. 24, welche zur Abstützung längerer
Werkstücke beim Einstechen oder Formdrehen vom Querschlitten aus dienen.

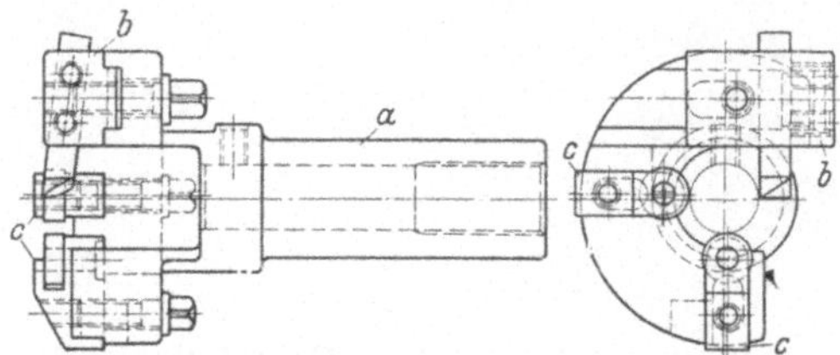

Abb. 22. Schälstahlhalter mit Rollengegenführung
als Schaftwerkzeug.

Das Werkzeug dient zum Drehen längerer Zapfen.
a Halterkörper zum Einsetzen in die Werkzeugaufnahme des Werkzeugschlittens; *b* Stahlhalter.
radial auf Drehdurchmesser einstellbar; *c* Rollenträger mit Führungsrollen radial verstellbar.

8. Werkzeughalter für Sonderarbeitsgänge. Eine Reihe Sonderwerkzeuge für
den Hauptschlitten seien noch erwähnt, welche teils vielseitig verwendbar sind,
teils von Fall zu Fall besonders ausgebildet sein müssen.

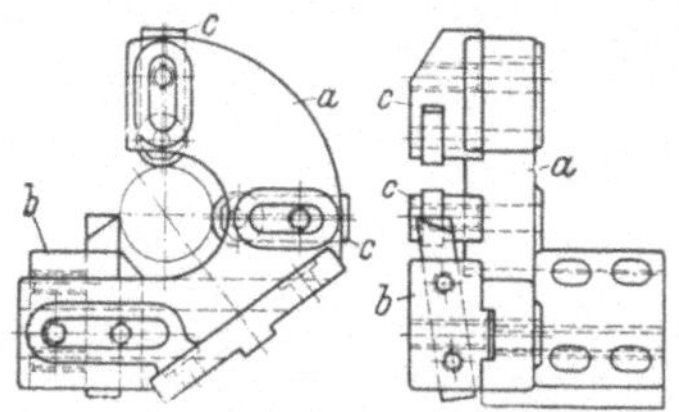

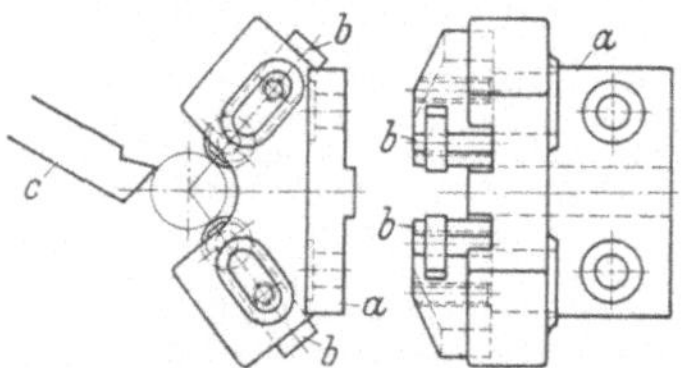

Abb. 23. Schälstahlhalter mit Rollengegenführung
mit Aufspannflächen.
Dieser Halter wird ebenso verwendet wie Abb. 22.
Er wird auf den Spannflächen des Hauptschlittens
befestigt und gestattet größeren Durchlaß als der
Halter Abb. 22. *a* Halterkörper; *b* Stahlhalter;
c Rollenträger mit Führungsrollen.

Abb. 24. Einfache Rollengegenführung.
Dieses Werkzeug dient zum Abstützen längerer
Werkstücke gegen Ausbiegen unter dem Stahldruck
eines Einstechwerkzeuges oder dergleichen. *a* Halterkörper zur Befestigung auf der Spannfläche des
Hauptschlittens; *b* Rollenträger mit Führungsrollen;
c zeigt einen Einstechstahl auf einem der Querschlitten, dessen Stahldruck abgefangen werden soll.

a) *Inneneinstechwerkzeuge.* Für schmale leichte Einstiche in Bohrungen sind
Werkzeuge mit Schaft nach Abb. 25 geeignet. Die Einstechtiefe ist verhältnismäßig
gering, wie sie bei Einstichen hinter Innengewinden vorkommt. Für breitere Ein-

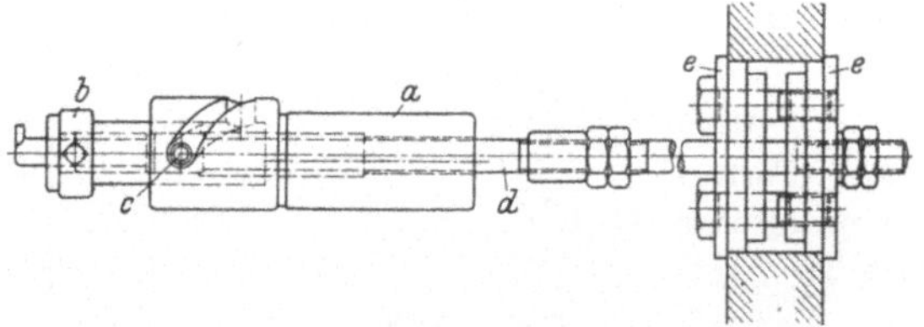

Abb. 25. Inneneinstechwerkzeug für schmale Einstiche.
Der Aufnahmehalter *a* wird mit seinem Schaftteil auf dem Hauptschlitten befestigt. In dem Halter *a* führt sich
drehbar gelagert der Stahlhalter *b*, der in einer exzentrisch versetzten Bohrung den Einstechstahl aufnimmt. In
dem Stahlhalter ist die drehbar gelagerte Rolle *c* befestigt, welche durch einen Schlitz im Körper *a* hindurchtritt;
dieser Schlitz ist schraubenlinienförmig gefräst. In dem Stahlhalter *b* ist ferner die Zugstange *d* befestigt. Die Zugstange *d* tritt durch die Scheiben *e* hindurch, welche am Rahmen der Maschine befestigt sind. Durch Stellmutter
kann beim Vorwärtsbewegen des Hauptschlittens die Zugstange in beliebiger Stellung festgehalten werden. Der
Stahlhalter *b* macht dann keine weitere Längsbewegung, dagegen wird der Aufnahmekörper *a* mit dem Hauptschlitten
weiter vorgeschoben. Durch die schraubenförmige Nute wird der Stahlhalter *b* verdreht, so daß der Stahl infolge der
exzentrischen Bohrung eine Radialbewegung ausführt und so die vorgesehene Nute in das Werkstück einsticht.

stiche sind Halter mit Schlittenführungen nach Abb. 26 anzuwenden, die entweder
von einem Querschlitten aus oder durch die Längsbewegung des Hauptschlittens
gesteuert werden. Wenn der Einstechstahl bei der Längsbewegung des Hauptschlittens die Einstechebene erreicht hat, muß er axial in dieser Stellung durch
ein Gestänge festgehalten werden, bis die Nute eingestochen und der Stahl zurück-

gegangen ist. Zwei andere Ausführungen von Einstechwerkzeugen zur unmittelbaren Befestigung auf dem Werkzeugschlitten zeigen die Abb. 27 u. 28. Diese Werkzeuge gestatten einen etwas größeren Einstechweg und können eine radiale Verstellbarkeit des Stahlhalters für Einstiche in größeren Bohrungen erhalten.

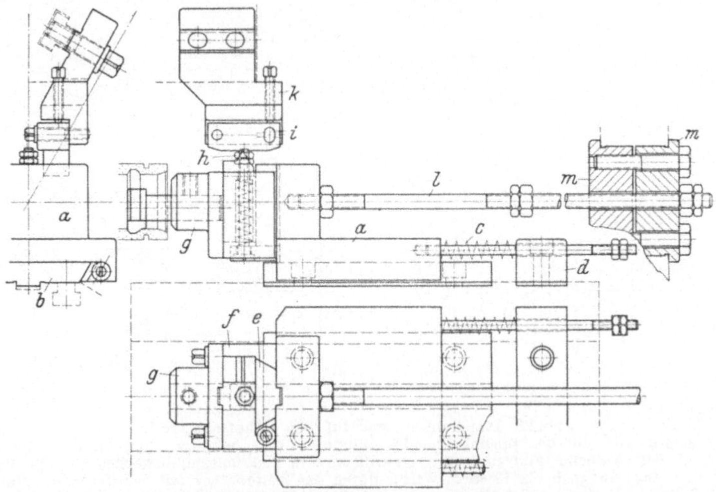

Abb. 26. Inneneinstechwerkzeug für breitere Einstiche.

Der Grundkörper a ist verschiebbar auf dem Führungsprisma b aufgesetzt, welches auf der Spannfläche des Hauptschlittens befestigt wird. Die Druckfedern c stützen sich an dem Druckstück d ab und sind bestrebt, den Körper a stets nach links zu schieben. Auf dem Körper a ist ferner das Führungsprisma e befestigt, auf dem radial beweglich der Schlitten f aufgesetzt ist. Dieser wird durch Druckfedern stets nach oben gedrückt. Der eigentliche Stahlhalter g wird an die Stirnfläche des Schlittens f geschraubt und trägt den Einstechstahl.

Mit dem Schlitten f ist die Tastleiste h verbunden. In dem Körper a ist die Zugstange l befestigt, welche durch die Scheiben m im Maschinengestell hindurchtreten kann. Durch Einstellmuttern kann der Körper a an entsprechender Stelle axial festgehalten werden, während der Werkzeugschlitten sich weiter bewegt. Anschließend daran wird der gegenüberliegende Querschlitten radial so weit bewegt, daß die mit ihm verbundene Anschlagplatte i den Schlitten f ebenfalls radial bewegt, so daß die Nute in die Bohrung eingedreht wird. Die Anschlagplatte i ist an dem Haltebock k einstellbar befestigt, damit die Einstechtiefe genau eingestellt werden kann.

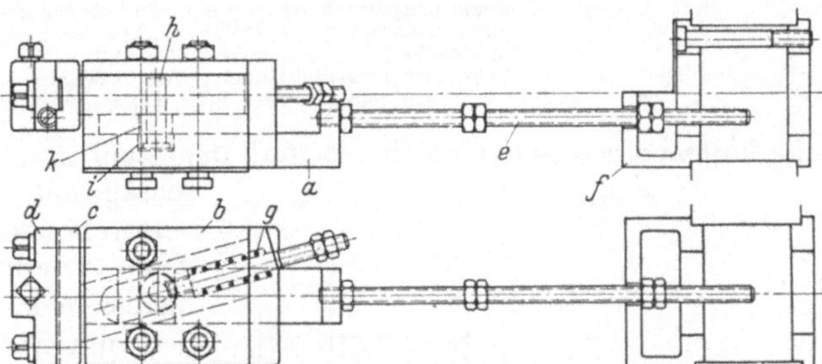

Abb. 27. Inneneinstechwerkzeug zur Befestigung auf dem Hauptschlitten.

Der Führungskörper b wird auf der Spannfläche des Hauptschlittens befestigt. In diesem ist der Schieber c in einer schrägen Nute beweglich aufgenommen. An der Stirnseite des Schiebers wird der Stahlhalter d radial verstellbar befestigt. Die Druckfeder g drückt den Schieber c stets nach außen. An der unteren Seite des Körpers b ist in einer Längsnute der Schieber a längsbeweglich geführt. Der Schieber a kann durch die Zugstange e über Einstellmuttern durch das Gehäuse f am Maschinengestell an beliebiger Stelle axial festgehalten werden. In dem Schieber c ist ein Stift h eingesetzt, welcher durch eine schräge Nute im Körper b hindurchragt, und dessen untere Rolle i in eine Quernute des Schiebers a eingreift. Über dieser Rolle sitzt eine zweite lose Rolle k in der Ebene der schrägen Nute im Körper b. Wird nun beim Vorwärtsbewegen des Hauptschlittens der Schieber axial festgehalten, so wird auch über Rolle i der Schieber c stehen bleiben. Der Körper b geht aber weiter vor und bewegt dabei über die Rolle k und den schrägen Schaft des Schiebers c diesen in Planrichtung zum Einstechen der Nute.

Auch einer der Querschlitten selbst kann bei schweren Einstichen als Werkzeugträger herangezogen werden, wie die Abb. 56 u. 57 zeigen.

b) *Werkzeuge zum Kopieren und Kugeldrehen in Bohrungen.* Sind in Bohrungen Quer- und Längsbewegungen vom gleichen Werkzeug auszuführen, so sind Werkzeuge mit Schlittenführungen nach Abb. 29 anzuwenden. Ist zum Beispiel in einer Bohrung eine Aussparung langzudrehen, nachdem vorher durch ein anderes Werk-

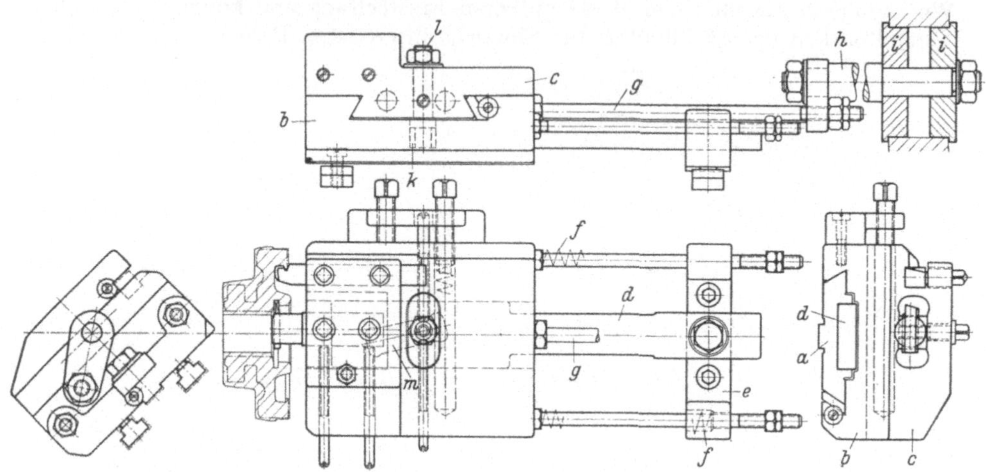

Abb. 28. Plandrehwerkzeug auf dem Hauptschlitten.

Das Führungsprisma a wird auf der Spannfläche des Hauptschlittens befestigt. Auf diesem Prisma gleitet der Unterschlitten b, in dessen oberer Führung der Querschlitten c in Planrichtung beweglich ist. In dem Führungsprisma a führt sich längsbeweglich die Leiste d, welche durch das Haltestück e mit dem Hauptschlitten verschraubt wird. Die Druckfedern f drücken den Schlitten b stets nach links. Im Schlitten b ist ferner die Zugstange g befestigt, welche über Anschlagmuttern durch eine Lasche am Bolzen h festgehalten werden kann. Der Bolzen h ist durch die Scheiben i am Maschinengestell befestigt. In den Querschlitten c ist auf dem Bolzen l eine Rolle k drehbar gelagert. Die Rolle k greift in eine schräge Nute m in der Leiste d ein. Wenn die Schlitten b und c beim Vorgehen des Hauptschlittens die Arbeitsstellung erreicht haben, so werden diese durch die Zugstange g festgehalten, während die Leiste d mit dem Hauptschlitten gemeinsam weiter vorgeht. Durch die schräge Nute m wird dann die Rolle k und damit der Querschlitten c in Planrichtung bewegt. Der Stahlhalter kann auch so ausgeführt werden, daß er auf den Querschlitten c aufgesetzt wird, um die Einrichtung vielseitig verwenden zu können.

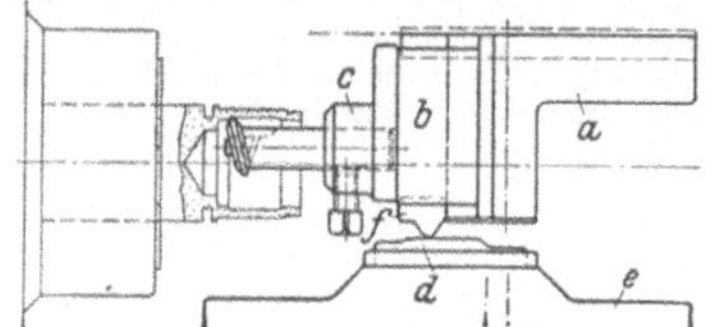

Abb. 29. Innenkopierwerkzeug.

Der Grundkörper a trägt einen planbeweglichen Schlitten b mit dem Stahlhalter c in ähnlicher Ausführung wie Abb. 26. Hier wird jedoch der Körper a auf dem Hauptschlitten festgeklemmt und macht also dessen Längsbewegung stets mit. An dem zugehörigen Querschlitten e wird das Leitlineal d befestigt, welches der auszuarbeitenden Form des Werkstückes entsprechend ausgebildet ist. Der Taststein f am Querschieber b gleitet bei seiner Längsbewegung an dem Lineal d entlang und führt den Bohrstahl entsprechend der Form.

zeug bereits eine Nute vorgestochen wurde, so muß der Stahl in der Nutenbreite schräg auf die Tiefe der Ausdrehung eingeführt werden und dann radial stehen bleiben oder, falls erforderlich, durch radiale Steuerung eine Form ausdrehen. Hierbei muß das Ausdrehwerkzeug gemeinsam mit dem Werkzeugschlitten die Längsbewegung ausführen. Die notwendige Querbewegung wird durch ein Lineal gesteuert, welches an dem nächstliegenden Querschlitten befestigt wird und der Form der zu drehenden Aussparung entsprechend aus-

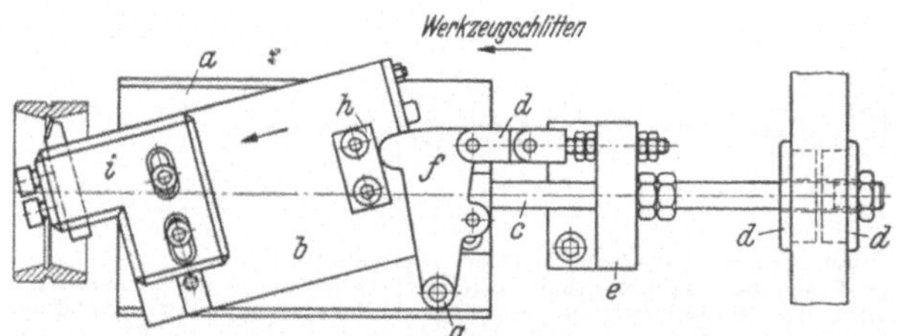

Abb. 30. Werkzeugschlitten zum Innenkegeldrehen.

Der untere Schlitten a läuft auf einem Führungsprisma auf dem Hauptschlitten und kann durch die Zugstange c durch Einstellmuttern und die Scheiben d in Längsrichtung festgehalten werden. Der Schlitten a trägt auf seiner Oberseite ein entsprechend dem Kegel schräg liegendes Führungsprisma, auf dem der Oberschlitten b gleitet. Entsprechend angeordnete Druckfedern drücken den Schlitten b stets entgegen der Arbeitsrichtung zurück. Der Hebel f ist drehbar um den Bolzen g auf dem Unterschlitten a befestigt und durch Gelenkverbindung d mit dem Haltestück e verbunden. Das Haltestück e ist mit dem Hauptschlitten verschraubt. Wird nach dem Anlaufen der Zugstange c der Schlitten a in Längsrichtung festgehalten, so bewegt sich das Haltestück e weiter vor und schiebt über d den Hebel f nach links. Dieser drückt über Druckplatte h den Oberschlitten b schräg nach links, so daß der Stahl im Halter i den Innenkegel ausdreht.

gearbeitet ist. Am Ende des Arbeitsweges muß zuerst der Querschlitten zurückgehen, damit der Ausdrehstahl, ohne Rückzugmarken zu erzeugen, frei aus der Bohrung austreten kann. Die Querschlittenkurve ist daher so auszulegen, daß die Arbeit des Ausdrehstahles etwas vor dem „hohen Punkt" der Hauptschlittenkurve beendet ist und der Rückzug früher beginnen kann.

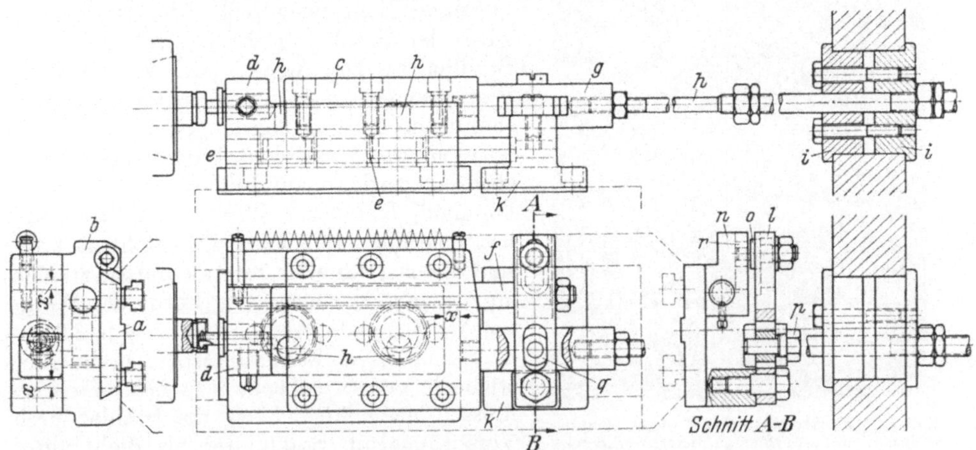

Abb. 31. Innenkugeldrehwerkzeug.

Auf dem Führungsprisma a, auf dem Hauptschlitten befestigt, gleitet der Schieber b. In einer Aussparung des Schiebers b wird der verstärkt gezeichnete Stahlhalter d durch die Deckplatte so geführt, daß er nach oben und unten gehalten ist, seitlich hat er den Bewegungsspielraum x. In dem Schieber b sind zwei Zahnräder e eingelassen, welche in eine Zahnstange f eingreifen. Die oberen Zapfen h der Zahnräder treten in entsprechende Bohrungen des Stahlträgers d ein. Die Zapfen h sind zur Mitte der Zahnräder um das Maß des Halbmessers der herzustellenden Innenkugel versetzt. Werden über die Zahnstange die Zahnräder verdreht, so macht auch der Stahlträger d eine der Kugelform entsprechende Kreisbewegung. Der Schieber b wird durch das Zwischenstück g und die Zugstange h durch die Scheiben i am Maschinenrahmen an gewünschter Stelle axial festgehalten. Das Haltestück k ist auf dem Hauptschlitten befestigt und trägt um den Zapfen m schwenkbar die Schwinge l. Auf der Zahnstange f ist das Mitnahmestück n befestigt. In der Schwinge l ist eine Nute eingearbeitet, in welcher der Stein q verschiebbar sitzt und in dessen Bohrung der Zapfen der Schraube p eingreift. Die Schraube p ist in dem Zwischenstück g befestigt. Wird nun das Zwischenstück g festgehalten und das Haltestück k geht weiter nach links, so wird über den Stein q die Schwinge mitgenommen und schlägt nach rechts aus. Dabei nimmt die Zapfenschraube o über den Stein r und das Mitnahmestück n die Zahnstange f mit nach rechts. Hierdurch wird dem Stahlträger d die notwendige Kreisbewegung erteilt.

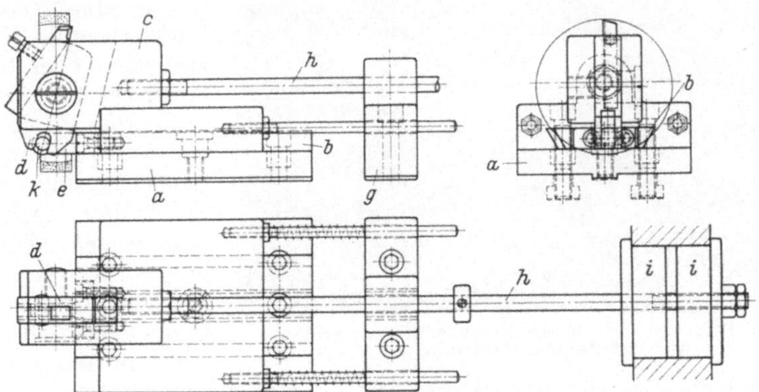

Abb. 32. Werkzeug zum Innenkugeldrehen für größere Durchmesser.

Die Grundplatte a mit dem Führungsprisma b wird auf dem Hauptschlitten befestigt. Der Oberschieber c gleitet auf der Führung b und kann durch Zugstange h über die Scheiben i in Längsrichtung festgehalten werden. In dem Oberschieber c ist der Stahlhalter d um den Zapfen f schwenkbar gelagert. An dem Führungsprisma b ist das Druckstück e befestigt, dessen eingesetzter Zapfen k in eine Nute des Stahlhalters d eintritt. Beim Vorwärtsbewegen des Hauptschlittens wird in der Arbeitsstellung der Oberschieber c festgehalten, während das Druckstück e mit dem Prisma b weiter nach links wandert. Dabei schwenkt der Zapfen k den Stahlhalter d um seinen Drehpunkt und dieser erzeugt die Kugelbahn am Werkstück.

Gestattet die Form der Werkstückbohrung nicht die Anwendung eines Leitlineals (z. B. bei kleinen Radien bei Kugellagern) so kann auch die Steuerung der Querbewegung des Stahles in das Werkzeug selbst eingebaut werden (Abb. 28, 30 u. 31).

Ein Werkzeug zum Ausdrehen größerer kugeliger Bohrungen zeigt Abb. 32. Hierbei wird der Stahl um einen Drehpunkt des Stahlhalters geschwenkt. Der Vorteil dieses Werkzeuges liegt in dem gleichförmigen Vorschub und der genauen Kugelform.

c) *Mehrfachstahlhalter.* Für größere Arbeitsstücke, wie diese auf Futterautomaten vorkommen, bietet der Werkzeugschlitten mit breiten Aufspannflächen die Möglichkeit, kräftige Blockstahlhalter mit mehreren Stählen aufzusetzen, die meist der Form des Werkstückes angepaßt werden (Abb. 33 u. 34).

Sind z. B. bei Zahnradkörpern breite Einstiche in den Stirnflächen zu bearbeiten, so müssen nach Möglichkeit die Stähle durch Vorsprünge am Stahlhalter bis dicht unter der Schneidenkante unterstützt werden.

Abb. 33. Blockstahlhalter auf dem Hauptschlitten zur Aufnahme mehrerer Werkzeuge bei starken Schnitten.

Das Nachschleifen und Wiedereinstellen der Stähle wird wesentlich erleichtert, wenn der ganze Stahlhalterblock leicht abgenommen werden kann und die Stähle außerhalb der Maschine in einer besonderen Anschlagvorrichtung genau eingestellt werden können. Es muß dafür gesorgt sein, daß der Stahlhalter durch besondere Anschläge oder Paßflächen auf dem Werkzeugschlitten stets wieder an die gleiche Stelle gesetzt wird.

d) *Ausstechstahlhalter.* Sind stirnseits Nuten einzustechen oder bei Kugellagerringen der Innen- und Außenring gleichzeitig aus vollem Werkstoff auszustechen, so sind verstellbare Stahlhalter nach Abb. 35 anzuwenden. Die beiden, in gewissen Grenzen verstellbaren Stähle arbeiten so versetzt, daß sich beide frei schneiden. Der Schaft

Abb. 34. Formstahlhalter auf dem Hauptschlitten zum Formen von Planflächen an Zahnrädern.

des Grundhalters ist durchbohrt, um ein Bohrwerkzeug aufnehmen zu können.

IV. Zusatzeinrichtungen auf dem Hauptwerkzeug-Schlitten.

Der große Anwendungsbereich und die vielseitige Ausnutzungsmöglichkeit des Mehrspindel-Automaten zeigt sich erst im vollen Maße durch den Einbau von Zusatzeinrichtungen. Gegenüber den Einspindel-Automaten gestattet der Mehrspindler eine vorteilhafte kräftigere Bauart dieser Einrichtungen, da der Werkzeugschlitten nicht schaltet und reichlich Platz vorhanden ist. Der Antrieb der Gewindeschneid- oder der Schnellbohreinrichtung ist besonders günstig im Antriebsgehäuse gegenüber der Spindeltrommel angebracht. Beim Einspindler ist ein solcher Antrieb nur unter sehr beengten Raumverhältnissen anzubringen.

9. Gewindeschneideinrichtung. Beim Mehrspindel-Automaten laufen die Drehspindeln mit einer durch Wechselräder eingestellten Drehzahl im Rechtsgang. Die Gewindeschneidspindel wird daher für Rechtsgewinde mit Nacheilung und für Linksgewinde mit Überholung angetrieben. Zum Ablaufen der Gewindebohrer und Schneideisen wird die Drehzahl der Gewindeschneidspindel durch Lamellenkupplung umgeschaltet und zwar bei Rechtsgewinde auf Überholung und für Linksgewinde auf Nacheilung (Abb. 36).

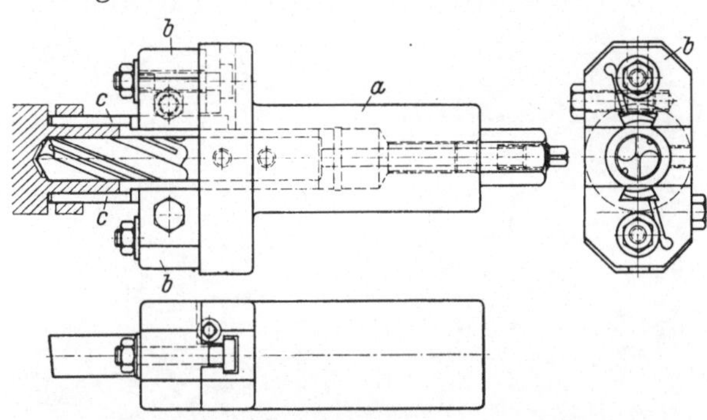

Abb. 35. Einstellbare Ausstechwerkzeughalter zum Ausstechen von Kugellagerringen.
a Halterkörper, *b* Stahlhalter radial einstellbar, *c* Ausstechstähle. In dem Stahlhalter kann zur gleichzeitigen Arbeit auch noch ein Spiralbohrer aufgenommen werden.

Bei Außengewinden und bei Innengewinden über etwa 30 mm Durchmesser wird meist wirtschaftlicher mit selbstöffnenden Gewindeschneidköpfen gearbeitet. Hierbei fällt das Umschalten der Gewindeschneidspindel fort, d. h. die Kupplung bleibt einseitig eingeschaltet oder fällt ganz fort.

Ein weiterer Vorteil ist, daß jede Beschädigung des Gewindes beim Rücklauf vermieden wird. Ferner ist das Einhalten genauer Scheidenwinkel wesentlich leichter und eine bessere Ausnutzung der Werkzeuge möglich.

Für die Bearbeitung verschiedener Werkstoffe und Gewindedurchmesser kann das Drehzahlverhältnis zwischen der Arbeits- und der Gewindeschneidspindel durch Wechselräder in den Grenzen zwischen etwa 1:3 bis 1:12 verändert werden. Die Gewindespindel wird stets durch eine besondere Kurve angedrückt und auch während des Gewindeschneidens genau entsprechend der Gewindesteigung vorgeschoben, damit das Gewinde nicht das ganze Gestänge mitziehen muß.

Abb. 36. Gewindeschneideeinrichtung mit Kupplung für einen Sechsspindel-Drehautomat.
a Schneideisenhalter; *b* Gestänge und *c* Kurve für Längsvorschub der Gewindeschneidspindel; *d* Antrieb für Nacheilung der Gewindespindel beim Rechtsgewindeschneiden; *e* Antrieb für Voreilung der Gewindespindel beim Ablauf bzw. Linksgewindeschneiden; *f* Umschaltkupplung; *g* von der Steuerwelle bestätigte Kupplungsgabel.

Bei ganz kurzen Gewinden vor einem Bund ist der Schneidkopf nachteilig, da er kurz nach dem Anschneiden sich schon wieder aufziehen muß. Hierfür ist aber eine bestimmte Mindeststrecke von einigen mm unbedingt erforderlich. In solchen Fällen ist das Schneideisen vorzuziehen, wenn nicht Gewindestrählen oder Gewinderollen am Platze ist (s. Gewindesträhleinrichtung Abschn. 22).

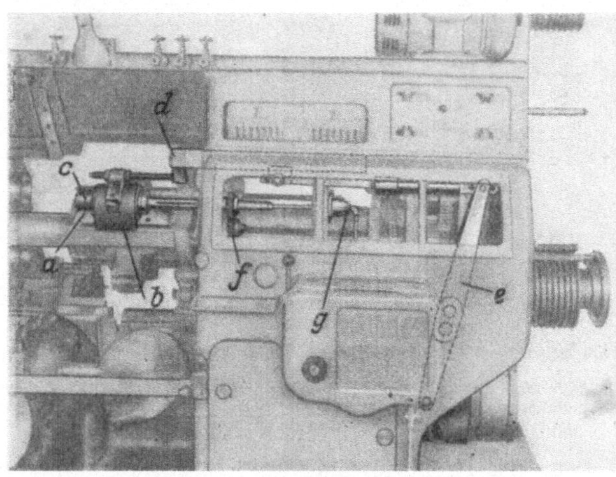

Abb. 37. Schnellbohreinrichtung mit Andrückhebel und mit Einrichtung für Innen-Kühlung.
a Führungsprisma auf dem Hauptschlitten; *b* Bohrschlitten auf der Führung *a* gleitend; *c* Bohrspindel; *d* Andrückstange, zum unabhängigen Vorschieben der Bohrspindel, durch den Hebel *e* von der Sonderkurve gesteuert; *f* Übertragungsräder von der Mittelwelle; *g* Kühlölzuleitung durch die hohle Bohrspindel.

Bei zähen, filzigen Werkstoffen können Außengewinde auch mit Schneidköpfen zweimal nacheinander geschnitten werden, wenn die Sauberkeit der Flanken anders nicht erreicht werden kann. Das Gewinde wird zuerst mit einigen Zehntel-mm Aufmaß vorgeschnitten und danach auf Fertigmaß bearbeitet. Der zweite Gewindeschneidkopf muß weich federnd angedrückt werden, damit der erste Gewindegang nicht verletzt wird.

10. Schnellbohreinrichtung. Bei kleineren Bohrungen in größeren Arbeitsstücken reicht oft die Schnittgeschwindigkeit nicht aus und der Vorschub des Bohrers wird zu grob. In diesen Fällen müssen die Bohrer in Schnellbohrspindeln mit zur Arbeitsspindel gegenläufigem Antrieb aufgenommen werden. Dadurch wird die Schnittgeschwindig-

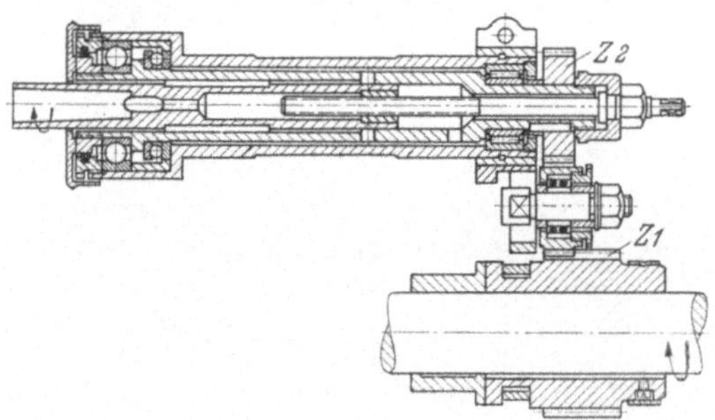

Abb. 38. Schnellbohrspindel als Pinole im Gehäuse des Hauptschlittens. Diese Bohrspindel hat keine unabhängige Bewegung. Die Pinole mit dem Innenkegel zur Aufnahme von Spiralbohrern kann durch eine Schraubenspindel in Längsrichtung eingestellt werden. Die Drehbewegung wird durch die Zahnräder $Z1$, $Z2$ über ein Zwischenrad von der Mittelwelle abgeleitet. Die Räder $Z2$ können ausgewechselt werden, um verschiedene Drehzahlen der Bohrspindel zu erreichen. Das Zwischenrad kann auf einem Scherenbolzen entsprechend verstellt werden.

keit des Bohrers entsprechend erhöht und gleichzeitig auch der Vorschub je Umdrehung verkleinert (Abb. 37).

Beispiel: Arbeitsspindeldrehzahl: $n = 250/\text{min}$
Vorschub des Werkzeugschlittens: $s = 0,1\ \text{mm/Umdr.}$
Bohrerdurchmesser $5\ \text{mm}$
Schnittgeschwindigkeit des feststehenden Bohrers $v = 3,9\ \text{m/min}$

Bei Anwendung einer Schnellbohrspindel mit $n_1 = 380\ \text{U/min}$ wird $v_1 = 10\ \text{m/min}$, da $n + n_1 = 630\ \text{U/min}$.
Der Vorschub des Bohrers wird $s_1 = 0,04\ \text{mm/U}$.

Die wesentliche Herabsetzung des Vorschubes gibt auch die Möglichkeit, durch eine unabhängig gesteuerte Schnellbohreinrichtung größere Bohrwege zu erreichen, als der Arbeitsweg des Werkzeugschlittens beträgt.

Größere Bohrer mit zylindrischem Schaft können unter Verwendung von Zwischenhülsen in die Aufnahmebohrung der Bohrspindel gesetzt werden.

Bei einer anderen Bauart ist die Bohrspindel mit einem Innenkegel zur unmittelbaren Aufnahme von Bohrern mit Kegelschaft versehen (Abb. 38).

Für kleinere Bohrer ist ein besonderer Halter mit Aufnahmezangen vorzusehen.

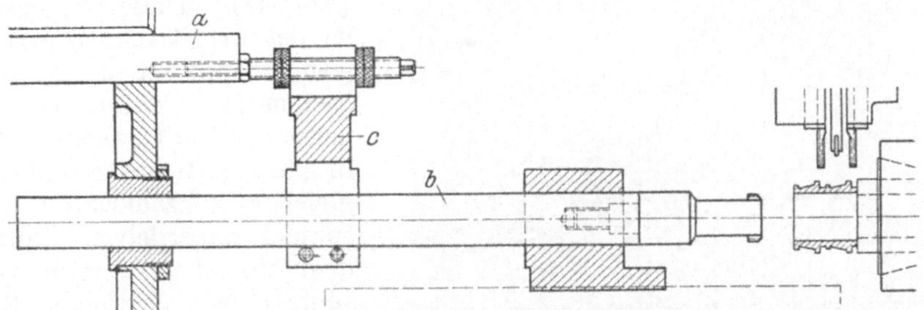

Abb. 39. Vorschubeinrichtung mit Andrückhebel.

Die Vorschubschiene *a* wird entsprechend Abb. 37 von einer Sonderkurve unabhängig gesteuert. Die Aufnahmestange *b* wird durch den Zwischenhebel *c* mitgenommen und kann am vorderen Ende verschiedene Werkzeuge aufnehmen. Die Abbildung zeigt das Fertigbearbeiten einer Bohrung mit einer Zweimesser-Reibahle.

11. Unabhängige Vorschubeinrichtung. Der Arbeitsweg des Hauptwerkzeugschlittens wird durch Aufteilung der Drehlänge oder Bohrtiefe des Arbeitsstückes möglichst klein gehalten. Bestimmte Arbeitsgänge, wie z. B. das Aufreiben einer Bohrung, die Bewegung eines Langdrehschlittens oder einer Schnellbohr- bzw.

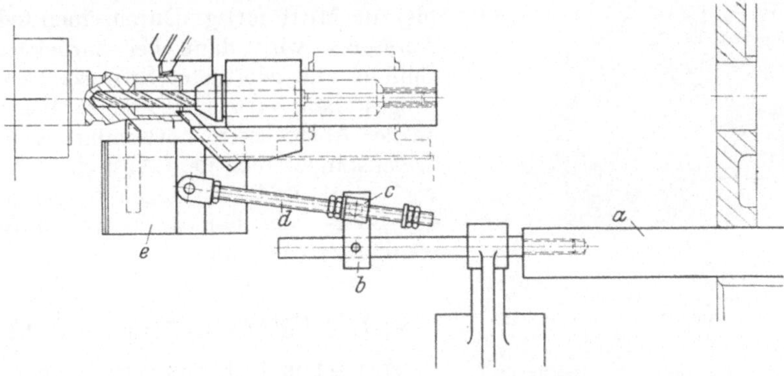

Abb. 40. Andrückeinrichtung mit Andrückhebel für Längsvorschub des Langdrehschlittens.

Die Vorschubschiene *a* wird unabhängig gesteuert und bewegt über Zwischenstück *b*, Drehstück *c* und Schubstange *d* den Langdrehschlitten *e* in Längsrichtung.

Gewindeschneideinrichtung, bedingen jedoch häufig einen längeren Arbeitsweg oder ein vorzeitiges Zurückbewegen bei nachfolgendem Abstechen in der gleichen Spindellage. Diese Vorschubbewegungen müssen unabhängig von der Hauptschlittenkurve über Hebel und Gestänge von einer besonderen Zusatzkurve abgeleitet werden (Abb. 39 u. 40). Meist ist am äußersten Ende der Kurvenwelle Raum für zwei solcher Kurven, so daß in mehreren Spindellagen unabhängig gesteuert werden kann. Die Übertragungshebel sind meist so ausgebildet, daß durch Verstellen des Übersetzungsverhältnisses die Vorschublängen verändert werden können. Um einen vorzeitigen Rückgang des unabhängig gesteuerten Werkzeuges zu erreichen, wird die Zusatzkurve gegenüber der Hauptschlittenkurve verkürzt ausgebildet, d. h. der Rückfall der Kurve liegt im entsprechenden Abstand vor dem hohen Punkt der Hauptschlittenkurve.

12. Mitlaufende Gegenspindel. Werkstücke, welche auf der Abstichseite glatte Planflächen ohne Abstechputzen haben müssen oder von der Rückseite her noch eine einfache Senkung oder Ausdrehung erhalten sollen, werden vor dem Abstechen von der Spannzange einer mitlaufenden Gegenspindel erfaßt (Abb. 41). Diese Gegenspindel ist der Arbeitsspindel gegenüber gelagert und mit einer selbsttätig gesteuerten Spannzange ausgerüstet. Die Gegenspindel wird in gleicher Richtung und mit der gleichen Drehzahl wie die Arbeitsspindel angetrieben. Kurz vor dem Abstechen fährt die Gegenspindel mit geöffneter Spannzange über das Werkstück und schließt die Zange. Reißt bei fortschreitendem Abstechen die Verbindung zwischen Werkstück und Stangenrest ab, so wird das Werkstück allein von der Gegenspindel weiter angetrieben und der Abstechstahl dreht die hintere Planfläche bis zur Mitte fertig. Durch einen federnden Ausstoßer wird dann bei zurückgezogener Spindel und geöffneter Spannzange das Teil ausgestoßen. Ist eine weitere Bearbeitung an der Abstechseite notwendig, so wird die Gegenspindel nach dem Abstich noch einmal vorbewegt, und zwar gegen ein entsprechendes Bohr- oder Senkwerkzeug im Abstechstahlhalter (Abb. 42).

Abb. 41. Mitlaufende Gegenspindel.
Die Gegenspindel *a* wird durch Hebel *b* über Gabel *c* unabhängig gesteuert. Durch Anfahren gegen Anschläge und Klinkenhebel wird die Spannzange und der Auswerfer betätigt. Das Werkzeug *d* für die Bearbeitung auf der Abstichseite ist auf dem Querschlitten befestigt und wird nach dem Abstich vor die Spindelmitte gefahren.

Abb. 42. Abstechstahlhalter mit Werkzeughalter zur Bearbeitung der Abstechseite.
a Halterkörper; *b* Abstechstahlhalter; *c* Stahlhalter mit Höheneinstellung zur Aufnahme der Zusatzwerkzeuge für die Abstechseite; *d* Senkwerkzeug zum Aufsenken der Rückseite der Bohrung des Werkstückes; *e* Anfaßstahl für den Außendurchmesser.

V. Die Querschlittenwerkzeuge.

Wie schon früher angeführt, kann beim Mehrspindel-Automaten jeder Arbeitsspindel ein unabhängig gesteuerter Querschlitten zugeordnet werden. Dadurch ist die Möglichkeit gegeben, die Bearbeitung der Außenform der Werkstücke sehr weitgehend zu unterteilen, was wiederum gestattet, in den meisten Fällen mit normalen Stahlhaltern auszukommen. Die gebräuchlichsten sind nachstehend beschrieben.

13. Plandrehstahlhalter. Plandreh- und Einstecharbeiten bedingen einfache kräftige Stahlhalter, welche auf der Spannfläche der Querschlittenoberschieber befestigt werden. Ihr Aufbau gleicht den entsprechenden Werkzeugen bei Einspindelautomaten, Revolverbänken und Vielstahlbänken (Abb. 43).

Wichtig ist eine Höheneinstellung durch Keil, eine gute Seitenanlage und Zustellung durch Feineinstellschraube für den Stahl, damit dieser nach dem Schleifen schnell wieder in seine genaue Lage gespannt werden kann. Der Halter kann um 180° geschwenkt werden, so daß die Stahlnut entweder rechts oder links sitzt. Es können also 2 Stähle dicht nebeneinander arbeiten, wenn benachbarte Stahlhalter, entsprechend versetzt, befestigt werden. Genügende Sicherheit gegen Verdrehen und gegen Ausweichen unter dem Rückdruck erhält der Stahlhalter durch eine angehobelte Paßfeder, die sich in der Spannschraubennute des Querschlittens führt.

14. Abstechstahlhalter. Der keilförmige Abstechstahl wird in einem prismatischen Zwischenhalter aufgenommen, dessen Grundlinie zur Einstellung des Stahles auf Drehmitte schräg verläuft. Auch bei diesem Halter kann durch Umsetzen um 180° die Stahlnut rechts oder links liegen (Abb. 44).

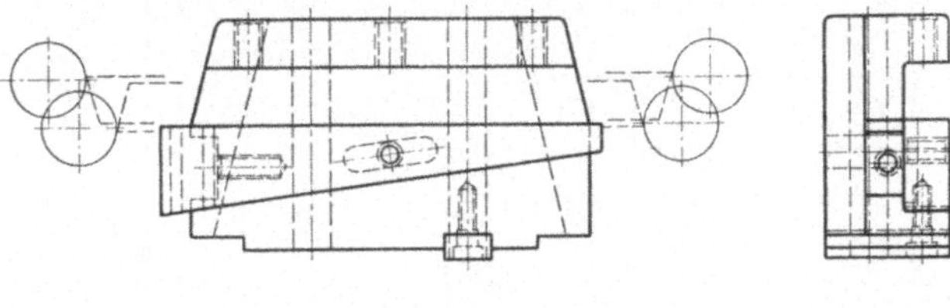

Abb. 43. Plandrehstahlhalter auf dem Querschlitten.
Der Drehstahl kann entsprechend der Spitzenhöhe und der Drehrichtung der Arbeitsspindel entweder nach oben oder unten schneidend eingesetzt werden.

15. Rundformstahlhalter. Halter für runde Formstähle zeigt Abb. 45. Um das Ausweichen breiterer Formstähle zu verhindern, wird der Lagerbolzen noch in einem parallel liegenden Stützhalter geführt. Der Formstahl wird grob auf einer Zahnteilung eingestellt und durch zwei Stellschrauben an einem Stellhebel fein verstellt. Der Formstahlhalter muß mit einer Paßfeder stets seine genau winklige Stellung zur Spindelachse sichern, damit die Formstahlachse stets genau parallel zu letzterer

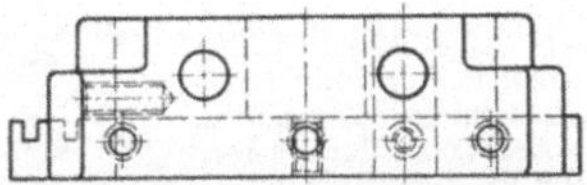

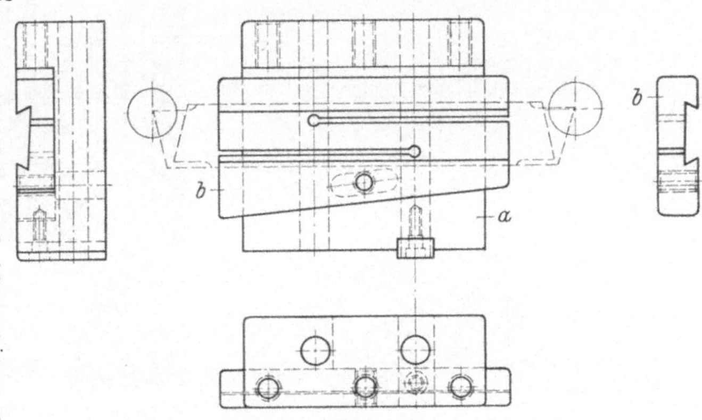

Abb. 44. Abstechstahlhalter.
a Haltekörper; *b* Abstechstahlhalter für Profilabstechstähle.

liegt. Bei der Ausführung nach Abb. 46 kann der Halter in geringen Grenzen um einen Drehpunkt in waagerechter Ebene geschwenkt werden, um kleine Ungenauigkeiten der Achsenlage des Formstahles auszugleichen.

Schnittbedingungen und Konstruktion der Rundformstähle sind in Heft 83, S. 5 u. 6 behandelt.

Da die Rundformstähle auf Profilschleifmaschinen geschliffen werden müssen, empfiehlt es sich, bei Herstellung mehrerer Formstähle diese stets im Außendurchmesser genau gleich zu machen, da dies das Auswechseln und Einstellen im Betrieb sehr erleichtert.

16. Flache Formstahlhalter. Bei flachen Formstählen nach Abb. 47 läßt sich die Form nur mit Mühe genau schleifen. Sie werden daher meist nur in Fällen angewendet, bei denen geringe Abweichungen im Profil zulässig sind. Zur Er-

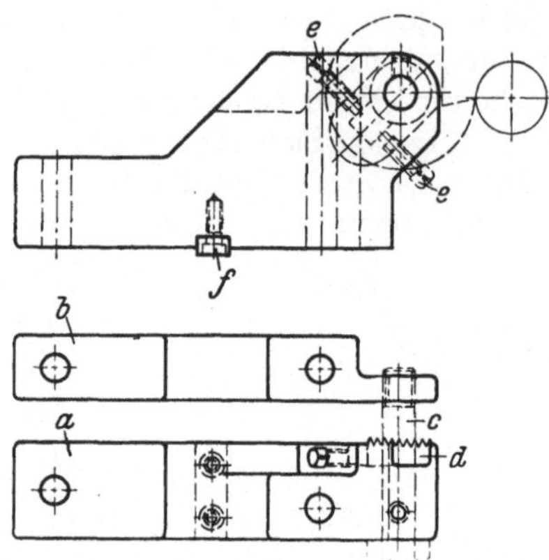

Abb. 45. Rundformstahlhalter.

a Stahlhalter; b Gegenstütze; c Lagerbolzen für den
Rundformstahl; d Rastenscheibe zum Einstellen
des Rundformstahles auf Arbeitsmitte. Die beiden
Stellschrauben e halten den Ansatz an der Rastenscheibe d; f Paßfeder zur Führungsnute im
Querschlitten.

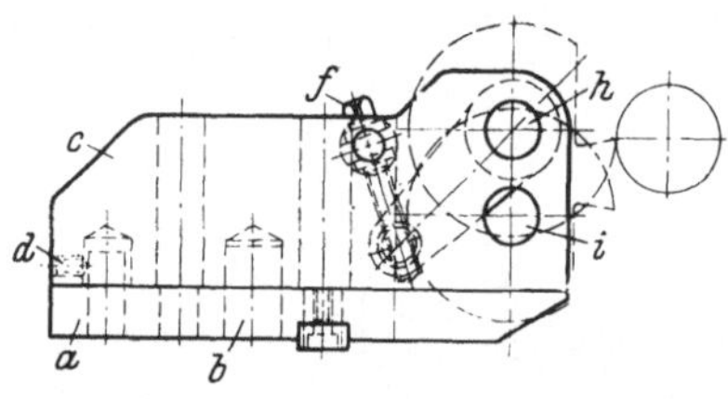

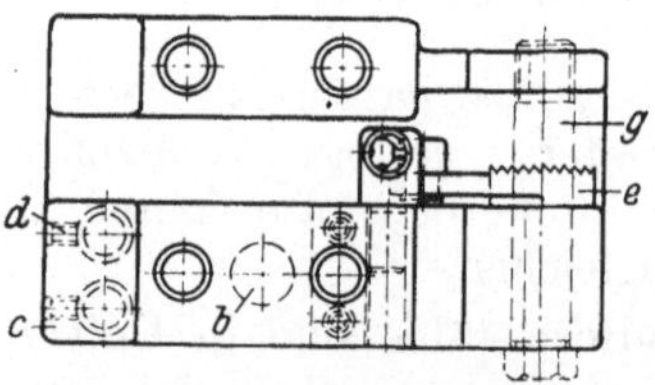

Abb. 46. Abstechstahlhalter mit Grundplatte.

a Grundplatte mit eingesetztem Stift b. Stahlhalter
c ist um den Stift b in geringen Grenzen schwenkbar, zur Einstellun gder genauen Achsrichtung für
den Rundformstahl. Die Sicherung der Einstellung
geschieht durch die Stellschrauben d; e Rastenscheibe mit Einstellhebel; f Einstellschraube für
den Rundformstahl; der Aufnahmebolzen g für den
Rundstahl kann in die obere Bohrung h oder in die
untere Bohrung i gesteckt werden, und zwar je nach
der Spitzenhöhe und Drehrichtung der
Arbeitsspindel.

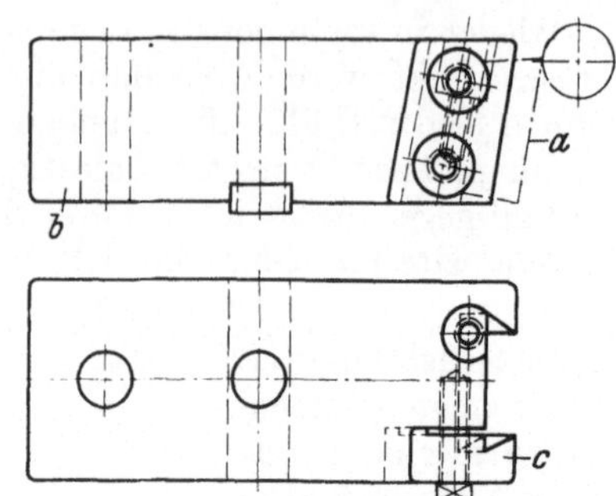

Abb. 47. Stahlhalter für flache Formstähle.
Der Formstahl a wird in dem Stahlhalter b mit
schwalbenschwanzförmigen Ansatz aufgenommen und
durch die Deckplatte c festgeklemmt.

Abb. 48. Blockstahlhalter auf dem Querschlitten.
a Stahlhalter, mit den Stählen zus. herausnehmbar;
b Stahlhaltergehäuse.

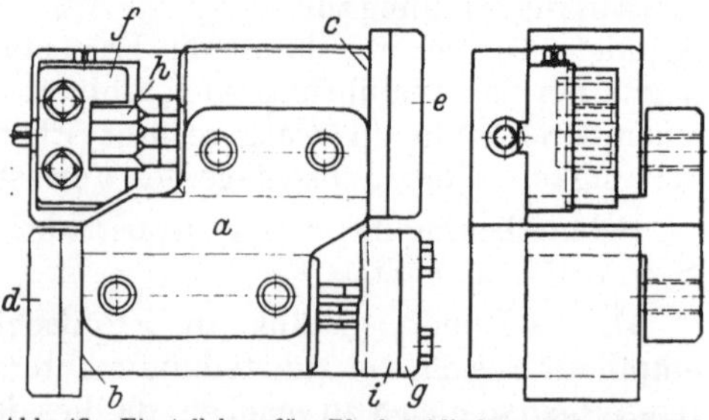

Abb. 49. Einstellehre für Blockstahlhalter nach Abb. 48.
Der Lehrenkörper a hat 2 Aufnahmen für die Blockstahlhalter d und e. Der Stahlhalter d schlägt mit seiner Kante b
und der Stahlhalter e mit der Kante c am Lehren-Körper an.
Die Lehrenplatten h und i sitzen auf den Zwischenstücken f
und g. Die Stähle können also in der Lehre genau auf
Maß eingestellt werden und liegen dann zum Einbau auf dem
Automaten bereit.

sparnis an Schnellstahl bei geringeren Stückzahlen kann eine Platte Schneidstahl
auf weichem Grundwerkstoff aufgelötet oder geschweißt werden.

17. Blockstahlhalter. Sind mehr als 2 Stähle
dicht nebeneinander zu setzen, so müssen
Sonderstahlhalter nach Abb. 48 entwickelt
werden. Es ist zweckmäßig, die Halter mit
den Stählen abnehmbar auf eine Grundplatte
zu setzen. Paßnuten müssen stets die genaue
Lage beider Teile zueinander sichern. Der
Vorteil liegt darin, daß die Stähle in dem
Halter nach dem Schleifen außerhalb der
Maschine bequem nach einer Lehre wieder
eingestellt werden können (Abb. 49).

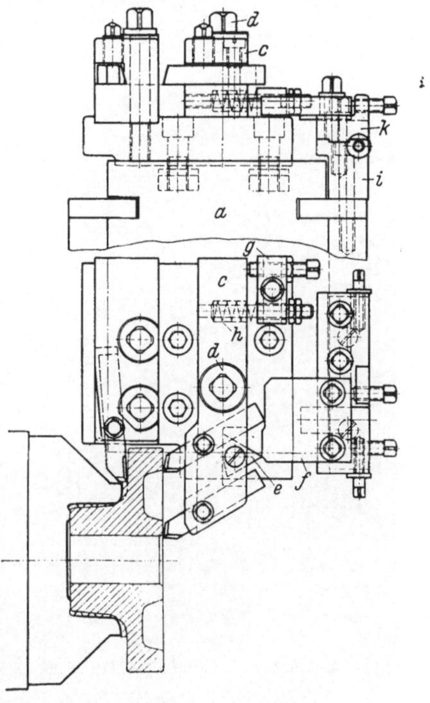

Abb. 50. Plandrehstahlhalter mit Schwenkeinrichtung.

Auf dem Querschlitten *a* ist eine Grundplatte befestigt. Der
Schwenkstahlhalter *c* ist um Lagerbolzen *d* schwenkbar auf der
Grundplatte befestigt. Am Maschinenrahmen neben dem Quer-
schlitten ist das Haltestück *i* befestigt, auf dem verstellbar
das Zwischenstück *k* mit dem Leitlineal *f* befestigt ist. Beim
Vorgehen des Querschlittens gleitet der Schwingnocken *e* an dem
Lineal *f* entlang und drückt den unteren Teil des Stahlhalters *c*
nach links in Arbeitsstellung. Die Feder *h* ist bestrebt, den
Halter in der Gegenrichtung zu verdrehen. Wenn der Querschlitten nach beendeter Plandreharbeit zurückgeht, kippt der
Nocken *e* so weit um, daß die Feder *h* den Stahlhalter ein
Stück verdrehen kann und die Stähle vom Werkstück abgehoben werden. Eine Anschlagschraube im Anschlagklotz *g*
sichert die genaue Einstellung des Stahlhalters.

18. Plandrehstahlhalter mit Schwenkeinrichtung. Diese Werkzeuge werden
beim Schlichten von Planflächen angewendet, wenn Rückzugmarken des Drehstahles beim Rückgang vermieden werden müssen. Die Ausführung und Wirkungsweise zeigt Abb. 50.

Abb. 51. Aufbaustahlhalter auf dem unteren Querschlitten eines Vierspindel-Automaten.
Der Planstahlhalter für die untere Lage ist herausgenommen.

19. Aufbaustahlhalter. Aufbaustahlhalter werden auf einem der beiden unteren Querschlitten aufgesetzt, wenn in einer der darüberliegenden Spindellagen entweder kein Querschlitten vorhanden ist oder in dieser Lage noch zusätzlich eine Planbearbeitung notwendig wird (Abb. 51 u. 52).

Diese Anordnung ist nur unter bestimmten Voraussetzungen zu empfehlen, da hierbei auch Nachteile in Kauf genommen werden müssen. Der Aufbauhalter nimmt auf dem unteren Querschlitten Platz für einen Stahlhalter fort. Durch besondere Ausbildung kann allerdings auch ein einfacher Plandrehstahl im Fuß des Aufbauhalters aufgenommen werden. Ferner ist zu beachten, daß der Aufbauhalter stets den gleichen Planweg und Vorschub des unteren Schlittens haben muß und Beeinflussung des Drehbildes möglich ist.

Neben den in nachfolgendem Kapitel beschriebenen Zusatzeinrichtungen bieten die Querschlitten viele Möglichkeiten der Anordnung von Sonderwerkzeugen verschiedener Art. Einige Beispiele solcher Werkzeuge zeigen die Abb. 52 bis 57.

Abb. 52. Aufbaustahlhalter auf dem unteren Querschlitten eines Sechsspindel-Futterautomaten.

In der unteren und oberen Lage sind Blockstahlhalter für mehrere Einstechstähle eingesetzt.

VI. Zusatzeinrichtungen zu den Querschlitten.

20. Langdrehschlitten. Die wichtigste und am häufigsten verwendete Zusatzeinrichtung zu den Querschlitten ist der Langdrehschlitten. Auf die Spannfläche

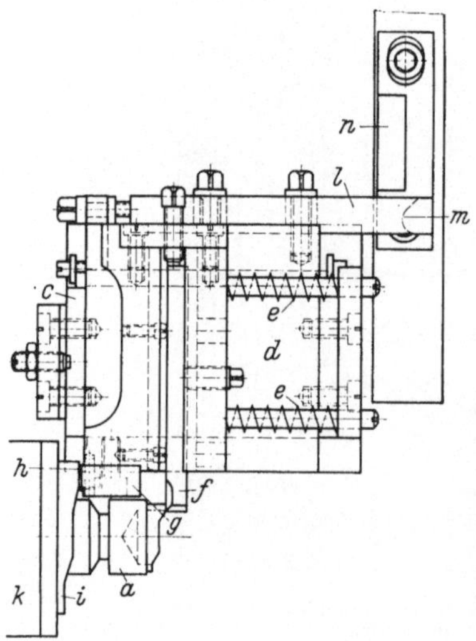

Abb. 53. Einrichtung zum Profildrehen.

Das Werkstück a wird von der Stange bearbeitet und soll an der Stirnseite ein Kurvenprofil erhalten. Auf dem Querschlitten gleitet auf einem Führungsprisma c ein axial beweglicher Schlitten d, der durch die Federn e nach links gedrückt wird. Auf dem Schlitten d ist der Stahl f befestigt, der die Kurve bearbeitet. Ferner ist auf dem Schlitten d noch der Rollenträger g mit der Rolle h angebracht. Die Rolle h gleitet auf einer Meisterkurve i, welche an der Stirnseite der Arbeitsspindel k befestigt ist. Der Querschlitten fährt mit einem geringen Vorschub radial zur Mitte, während durch die Drehung der Meisterkurve i der Schlitten d entsprechend der Kurvenform hin- und herbewegt wird. Damit die Rolle h beim Anfahren des Querschlittens nicht auf den Umfang der Kurve aufläuft, ist am Schlitten d die Sicherungsschiene l angebracht. Sie gleitet mit einer angearbeiteten Rundung m auf der Leiste n entlang, welche am Rahmen des Maschinengestells befestigt ist. Erst wenn die Rolle der Kurvenfläche von i gegenübersteht, gleitet die Kante m ab.

des Querschlittens wird ein Werkzeugträger gesetzt, der auf einer Prismenführung oder Flachbahn gleitet und in Richtung der Arbeitsspindelachse verschoben werden kann (Abb. 53 u. 58). In dem Oberschieber können ein oder mehrere Langdrehstähle befestigt werden. Um Kegel zu drehen, kann das Führungsprisma des Unterschiebers in gewissen Grenzen schräg zur Spindelachse eingestellt werden (Abb. 59).

Gegenüber dem einfachen Überdrehstahlhalter auf dem Hauptwerkzeugschlitten bietet das Überdrehen mit dem Langdrehschlitten folgende Vorteile und Möglichkeiten:

a) Der Langdrehschlitten wird mit dem Querschlitten auf Spantiefe vorgebracht und von diesem nach Beendigung des Langdrehens wieder sofort vom Werkstück abgehoben. Der Drehstahl kann daher keine Rückzugmarken auf dem Werkstück erzeugen, was besonders beim Schlichten vermieden werden muß.

b) Mit dem Langdrehschlitten können Zapfen hinter einem Bund des Werkstückes bearbeitet werden, wenn vorher eine entsprechende Nut eingestochen wurde.

Abb. 54. Zeigt die Ansicht der Einrichtung nach Abb. 53 auf dem oberen Querschlitten.
a Kopierschlitten, b Stirnkurve an der Arbeitsspindel.

c) Das Langdrehwerkzeug kann beliebig mit längerem oder kürzerem Drehweg als der Werkzeugschlitten arbeiten, wenn dies die Abmessungen des Arbeitsstückes erfordern. Wird die Steuerung des Langdrehschlittens von der Bewegung des

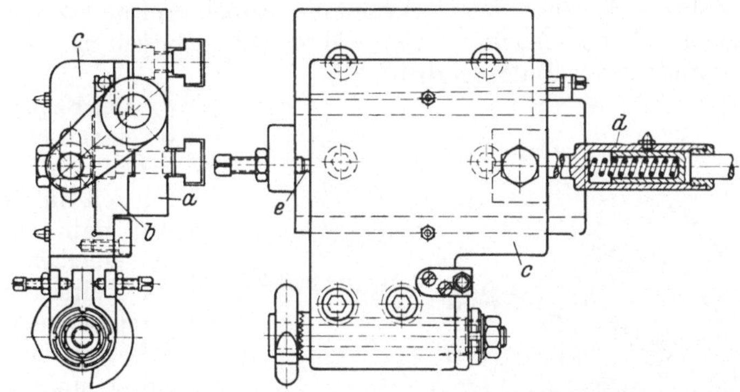

Abb. 55. Schweres Inneneinstechwerkzeug auf dem Querschlitten.
a Grundplatte mit Führungsbahn b. Auf dieser gleitet längsbeweglich der Oberschieber c, der durch Gestänge d unabhängig gesteuert wird. Der Querschlitten fährt zunächst so weit zur Spindelmitte, bis der Einstechstahl in die Bohrung eintreten kann, dann wird der Schlitten c bis zum Anschlag e längsbewegt, worauf der Querschlitten mit entsprechendem Vorschub den Einstich bearbeitet.

Hauptwerkzeugschlittens abgeleitet, so kann durch eine entsprechende Hebelübersetzung der Langdrehweg bestimmt werden (Abb. 58 u. 59). Bei Betätigung durch eine unabhängige Andrückeinrichtung wird die Sonderkurve dem Drehweg und der Einsatzdauer entsprechend ausgelegt (Abb. 40).

Diese Möglichkeit wird meist beim Schlichten längerer Zapfen ausgenutzt, welche vorher in mehreren Teillängen vom Hauptschlitten aus geschruppt wurden. Mit einem entsprechenden Vorschub kann dann die ganze Zapfenlänge in einer Spindellage fertiggedreht werden.

Abb. 57. Drehwerkzeug für Außenrundungen.

Abb. 56. Zeigt eine Vorrichtung ähnlich Abb. 55.
a Querschlitten; b Grundplatte mit Führung; c Oberschieber; d Einstechwerkzeug; e verstellbare Schraube für die Einstechtiefe.

Auf dem Querschlitten a ist das Gehäuse b befestigt, in welchem der Stahlhalter c um den Zapfen d schwenkbar gelagert ist. Der Stahlhalter steht in Verbindung mit einem Zahnsegment, welches durch die Zahnstange e von einer unabhängigen Kurve gesteuert wird.

21. Langdrehschlitten mit Kopiereinrichtung. Beim Überdrehen von Werkstücken mit teilweise kegeliger oder gekrümmter Außenform muß einer der Drehstähle zusätzlich radial gesteuert werden, während die übrigen in gradliniger Bewegung die zylindrischen Teile bearbeiten.

Abb. 58. Langdrehschlitten mit Hebelüberseztung.

a Grundplatte mit Führungsbahn b. Auf diesem gleitet der Oberschieber c der durch die Rückzugfeder d nach rechts gezogen wird. An der Grundplatte a drehbar befestigt ist der Hebel e angebracht, der durch die Verbindungslasche f den Oberschieber c bewegt. Der gewünschten Hebelübersetzung entsprechend wird das Gestänge g mit dem Zwischenstück h am Hebel e angesetzt. Das Drucksück i wird am Hauptwerkzeugschlitten befestigt und schiebt über das Gestänge den Oberschlitten mit vergrößertem Weg vor.

Der Kopierstahl wird in einem radial beweglichen, auf Prisma geführten Halter befestigt. Auf dem Oberschieber des Querschlittens wird ein Leitlineal mit der entsprechenden Form befestigt, das den Stahlhalter über eine Rolle oder einen Taststein steuert. Durch eine Feder wird der Stahlhalter stets gegen das Leitlineal gedrückt, wobei der Rückdruck des Drehstahles unterstützend wirkt (Abb. 60—64).

22. Gewindesträhleinrichtung. Auf Mehrspindel-Automaten wird Gewinde mit Vorteil dann gestrählt, wenn es sich um Gewinde mit größerem Außendurchmesser, größerer Steigung und großer Genauigkeit handelt. Liegt das Gewinde hinter einem Bund, so ist es auf dem Automaten nur durch Strählen herzustellen. Bei Außengewinden kann in der gleichen Spindellage gleichzeitig mit dem Strählen auch noch die Bohrung bearbeitet werden, was bei Verwendung eines Schneidkopfes oder Schneideisens nicht möglich ist. Ferner kann auch kegeliges Gewinde gestrählt werden, und zwar sowohl mit dem schwachen als auch mit dem starken Ende nach vorn. Für das Strählen steht die ganze Laufzeit des Werkstückes zur Verfügung. Dies ermöglicht, meist mit einer großen Zahl von Durchgängen und entsprechend feinen Vorschüben zu strählen und ergibt genaues Gewinde mit sauberen Flanken. Zu beachten ist allerdings, daß die Drehzahl der Arbeitsspindeln durch die zulässige Schnittgeschwindigkeit beim Gewindestrählen bestimmt wird und nur eine Spindeldrehzahl während des Betriebes möglich ist. Bei Leichtmetallen und Messing hat dies geringere Bedeutung, anders dagegen bei Stahlbearbeitung, besonders bei Werkstoffen mit höherer Festigkeit. Dabei kommt es vor, daß die Leistung der Drehstähle für die übrige Bearbeitung nicht ausgenutzt werden kann. In vielen Fällen kann jedoch eine angemessene Leistungsminderung in Kauf genommen werden, wenn das Gewinde ohne zusätzlichen Arbeitsgang auf dem Automaten fertiggestellt werden kann und die Genauigkeit ausschlaggebend ist.'

Abb. 59. Langdrehschlitten auf dem oberen Querschlitten, zum Kegeldrehen schräg gestellt.
Der Schlitten wird durch eine unabhängige Andrückeinrichtung bewegt.

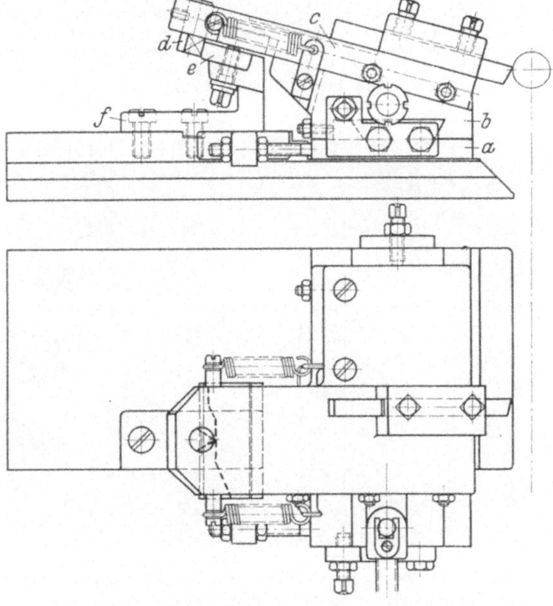

Abb. 60. Langdrehschlitten mit Kopiereinrichtung.
Auf der Führungsbahn *a* gleitet der Langdrehschlitten *b* auf dem noch ein radial beweglicher Schlitten *c* geführt wird, welcher den Drehstahl aufnimmt. Im Schlitten *c* ist der Kopierstift *d* eingesetzt, welcher an der Kante des Kopierlineals *e* bei der Längsbewegung des Schlittens *b* entlang gleitet. Das Kopierlineal ist durch den Träger *f* mit dem Oberschieber des Querschlittens verbunden.

Neuerdings wird an Stelle des Strählens, bei günstigen Voraussetzungen, auch das *Gewinde eingerollt*, wie dies schon für Messing und Leichtmetall auf Einspindelautomaten seit längerer Zeit bekannt ist. Für Stahl ist der Anpreßdruck schon

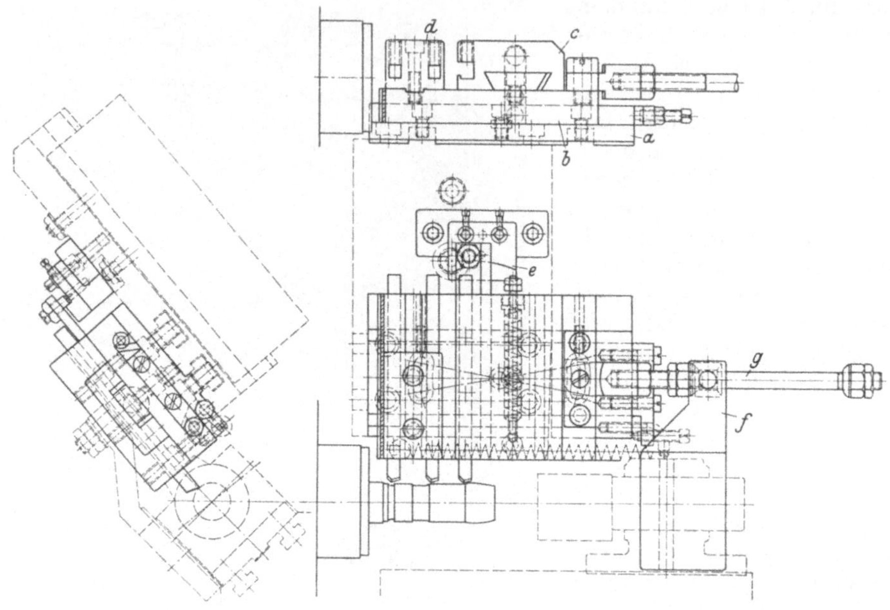

Abb. 61. Langdrehwerkzeug mit Kopierdrehschlitten.

Mit diesem Werkzeug werden zylindrische und gekrümmte Teile des gleichen Werkstückes gemeinsam bearbeitet. Auf der Grundplatte *a* gleitet der Längsschieber *b*, auf dem radial verschiebbar der Kopierschlitten *c* befestigt ist. Dieser nimmt den Kopierstahl auf und wird durch das Leitlineal *e* gesteuert. Auf dem Längsschieber sitzt ferner noch der Doppelstahlhalter *d*, der die Stähle für das Drehen der zylindrischen Flächen aufnimmt. Der Längsschieber *b* wird durch Druckstück *f* am Hauptschlitten über das Gestänge *g* bewegt.

Abb. 62. Kopier- und Langdrehschlitten auf dem unteren Querschlitten.

a Längsschieber; *b* Andrückgestänge; *c* fester Stahlhalter;
d Kopierstahlhalter; *e* Leitlineal.

beträchtlich höher, auch wenn 2 Rollen gleichzeitig arbeiten. Es sind auch Ausführungen bekannt, bei denen 2 gegenüberliegende Rollen zwangsläufig radial in das Werkstück eindringen, so daß dieses nicht unter dem Anpreßdruck abbiegen kann. Schädlichen Einfluß können Späne ausüben, die während des Rollens auf das Werkstück fallen.

Aus Raummangel kann hier auf das Gewinderollen nicht näher eingegangen werden. Dafür wird das in allen Fällen anwendbare Strählen eingehender behandelt.

Der Gewindesträhler wird, wie auf anderen Maschinen üblich, als Rundsträhler mit zwei Schneidzähnen ausgebildet (Abb. 65 u. 66). Um nach dem Schleifen das seitliche Nachstellen zu ersparen, ist es zweckmäßig, die beiden Schneidenprofile ohne Steigung parallel auszuführen. Wenn der Auslauf für den Strähler zu gering ist, so kann nur ein Strähler mit einem Schneidzahn angewendet werden.

Automatenstahl läßt sich im allgemeinen mit etwa 50 m/min Schnittgeschwindigkeit im Dauerbetrieb strählen. Bei Stählen höherer Festigkeit ist die Standzeit des Strählers maßgebend. Es ist unwirtschaftlich, wenn der Strähler als einziges Werkzeug in kürzerer Zeit als etwa 4 Stunden nachgeschliffen und wieder eingestellt werden muß. Eine Ausweichmöglichkeit besteht darin, daß man dem runden Strähler drei um 120° versetzte Schneiden gibt. Beim Stumpfwerden braucht der Strähler dann nur um $\frac{1}{3}$ gedreht zu werden, so daß das Werkzeug praktisch die dreifache Zeit in der Maschine bleiben kann (Abb. 67).

Eine andere Möglichkeit zu erhöhter Leistung besteht darin, den Gewindesträhler in der Breite nur um etwa den $1-1\frac{1}{2}$fachen Betrag der Gewindesteigung schmaler zu halten und alle Schneiden gleichzeitig arbeiten zu lassen. Die Abnutzung verteilt sich entsprechend auf mehrere Schneiden, was erhöhte Standzeit ergibt.

Abb. 63. Langdrehschlitten mit 2 Kopierstahlhaltern und einem feststehenden Doppelstahlhalter.

a u. *b* Kopierschlitten; *c* Leitlineal; *d* fester Stahlhalter

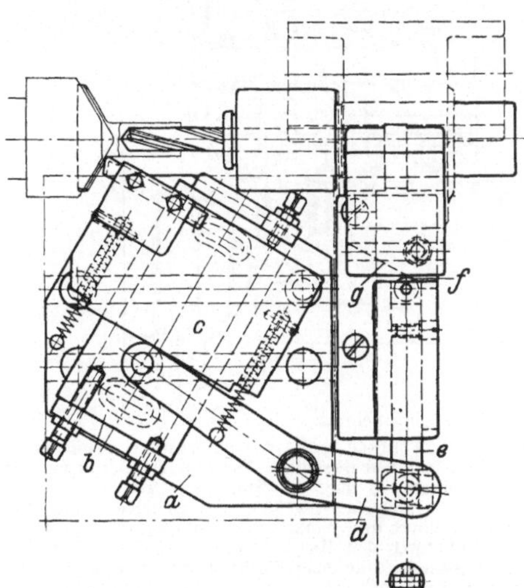

Abb. 64. Langdrehschlitten auf dem Querschlitten zum Plankopieren.
Auf der Grundplatte *a* gleitet auf einer Führungsbahn *b* der Oberschlitten *c* mit dem Stahlhalter. Die Verschiebung des Halters *c* muß hierbei über einen Winkelhebel *d* erfolgen. In einer Führung am Maschinenrahmen gleitet die Druckstange *e*, welche mit der Rolle *f* an der Schräge einer Druckplatte *g* entlang rollt. Die Platte *g* ist am Hauptschlitten befestigt. Durch die Schrägfläche *g* wird über Stange *e* der Hebel *d* geschwenkt, so daß der Schlitten *c* von außen nach innen bewegt wird.

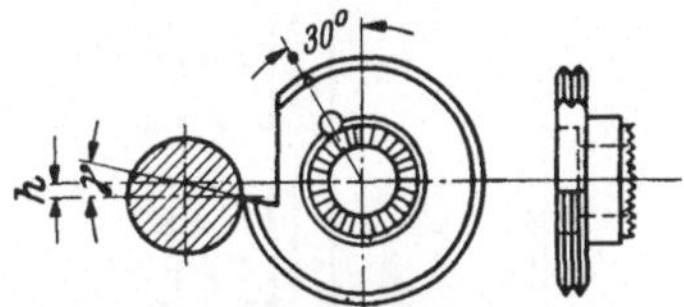

Abb. 65. Runder Gewindesträhler für Außengewinde.
γ Spanwinkel, *h* Überhöhung der Strählermitte über Werkstückmitte.

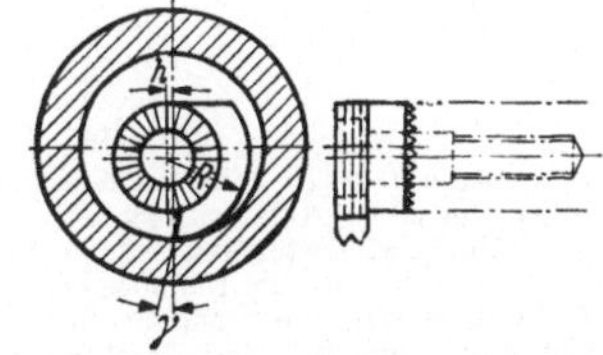

Abb. 66. Gewindesträhler für Innengewinde.

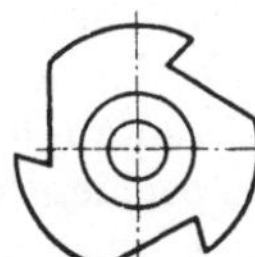

Abb. 67. Gewindesträhler mit 3 Schneiden.

Ein weiterer Vorteil besteht darin, daß der Kurvenweg nur das 1½fache der Gewindesteigung beträgt und daher die Kurve für Gewinde von verschiedener Länge aber gleicher Steigung verwendet werden kann.

Mit *Hartmetall* bestückte Gewindesträhler werden als gerade Einzahnsträhler ausgeführt und müssen gut und kurz eingespannt sein, da sonst infolge von Schwingungen die feine Spitze zu schnell ausbröckelt und abstumpft.

Abb. 68. Gewindesträhleinrichtung auf dem oberen Querschlitten. Die Strählkurve ist im Gehäuse des Schlittens eingebaut, entsprechend Abb. 69.

Die Strähleinrichtung besteht aus dem Strählschlitten und dem Antriebsgehäuse. Der Strählschlitten wird auf einem der oberen Querschlitten aufgebaut und durch eine besondere Strählkurve in Richtung der Spindelachse hin und her bewegt. Der eigentliche Werkzeugträger sitzt auf einem Sprungschlitten, damit der Strähler während seiner Rückbewegung vom Werkstück abgehoben werden kann (Abb. 68 bis 71). Die Strählkurve steuert die Längsbewegung des Strählschlittens, und zwar durch einen Vorlaufteil, der den Schlitten entsprechend der Gewindesteigung vorschiebt und durch einen Rücklaufteil, der den Strählschlitten schneller zurückbewegt (Abb. 72). Die Höhe der Kurve h ist abhängig von der

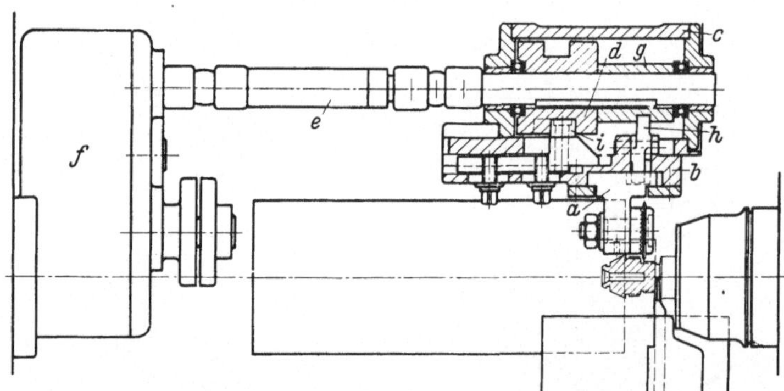

Abb. 69. Gewindesträhleinrichtung im Schnitt.

Der Strählerschlitten a trägt den Gewindesträhler und ist in seiner Führung radial zum Werkstück beweglich (in der Darstellung um 90° versetzt gezeichnet). Der Längsschlitten b ist axial beweglich. Diese axiale Bewegung wird der Gewindesteigung entsprechend durch die Strählkurve d über die Rolle i erzeugt.
Die Strählkurve d ist drehbar im Gehäuse des Querschlittens gelagert. Neben der Strählkurve d, gemeinsam mit dieser drehbar ist die Exzenterkurve g angebracht, welche bei jeder Umdrehung den Winkelhebel h steuert, welcher in eine Nut des Schlittens a eingreift. Bei Rücklauf des Schlittens b wird durch den Hebel h der Strähler vom Werkstück abgehoben. Die Drehung der Strählkurve d wird über die Gelenkwelle e und über Wechselräder im Gehäuse f von der Spindelantriebswelle abgeleitet.

Länge des zu strählenden Gewindes und muß ein ganzes Vielfaches der Gewindesteigung sein. Während des Geradlaufes a springt der Strähler aus dem Gewinde heraus, beim Geradlauf b wird er wieder angestellt. Beides wird außerdem gesteuert durch die Sprungschiene auf dem Sprungschlitten und den Sprungnocken (Abb. 70). Die Strählkurve wird über Wechselräder von der Antriebswelle für die Drehspindeln angetrieben. Die Wechselräder werden je nach der Gewindesteigung und der Anzahl der Gewindegänge berechnet. Mit einer vorhandenen Strählkurve können Gewinde mit gleicher oder kürzerer Länge und einer anderen Steigung ebenfalls gestrählt werden, wenn das Ergebnis aus $\dfrac{\text{Kurvenhöhe der Strählkurve}}{\text{Gewindesteigung}} = $ einer ganzen Zahl ist.

Soll mit einer vorhandenen Strählkurve ein kürzeres Gewinde gestrählt werden, so ist für die Bestimmung der Stückzeit die ganze Kurvenhöhe der vorhandenen Strählkurve maßgebend.

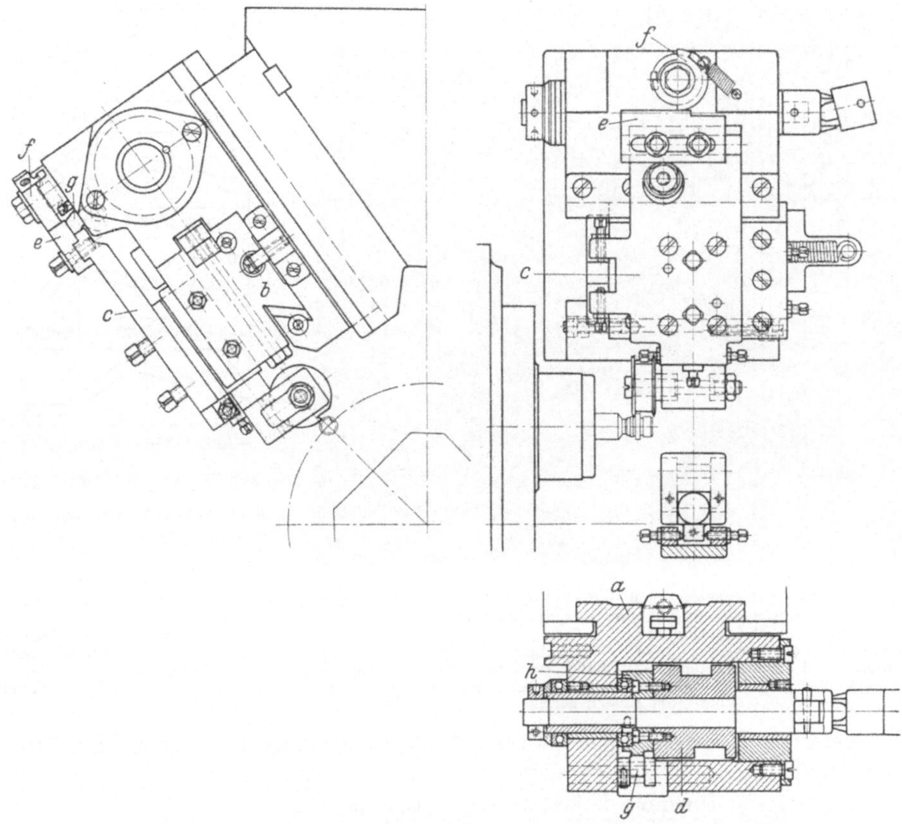

Abb. 70. Gewindesträhleinrichtung mit Sprungschlitten.

Diese Einrichtung entspricht im wesentlichen der Abb. 69, nur ist hier ein besonderer Sprungnocken vorgesehen, der den Gewindesträhler nach Beendigung des Strählweges plötzlich vom Werkstück zurückspringen läßt. Dadurch läßt sich ein Gewinde bis an einen Bund strählen. *a* Querschlitten, *b* längsbeweglicher Strählschlitten, *c* Sprungschlitten mit Strählerhalter, *d* Strählkurve, *e* Gleitschiene, *f* Sprungnocken, *g* Winkelhebel, *h* Anstellkurve. Wenn der Strählschlitten *b* links am Ende seines Strählweges angelangt ist, gleitet der Nocken *f* an der scharfen Kante der Schiene ab, so daß durch Federdruck der Sprungschlitten *c* plötzlich nach hinten zurückspringt. Die Schiene *e* kann entsprechend eingestellt werden. Vor dem Wiederansetzen des Strählers wird der Sprungschlitten *c* durch den Winkelhebel *g* wieder auf Anstelltiefe bewegt, und zwar an entsprechender Stelle der Strählkurve durch einen Nocken an der Anstellkurve *h*.

Das Verhältnis Vorlauf zu Rücklauf der Strählkurve kann verschieden ausgeführt werden. Je kürzer der Rücklauf ist, desto mehr Strählerhübe werden in der gegebenen Arbeitszeit für ein Werkstück ausgeführt. Zu beachten ist, daß bei eingängigem Gewinde die Rücklaufstrecke in der Vorlaufstrecke ganzzahlig teilbar sein muß. Um die gleiche ganze Zahl muß dabei auch die Anzahl der Strählgänge teilbar sein.

a) Bei *eingängigem Gewinde* sind folgende Einteilungen zweckmäßig:

Vorlauf	Rücklauf	Vorlaufanteil
180°	180°	$1/2$
240°	120°	$2/3$
270°	90°	$3/4$

Der Winkel für den Rücklauf darf 45° nicht überschreiten. Der Faktor Vorlaufanteil gibt an, welchen Teil des Gesamtkurvenumfanges der Vorlauf ausmacht.

Abb. 71. Gewindesträhleinrichtung mit Sprungschlitten und besonders gelagerter Strählkurve im Antriebsgehäuse.
a Strählschlitten; *b* Sprungschlitten; *c* Stellschiene; *d* Winkelhebel mit dem Abreißnocken; *e* Strählkurve; *f* Übertragungsstange für die Längsbewegung des Strählschlittens; *h* Gleitstück zur Übertragung der Kurvenbewegung von *g* nach *d*; *i* Wechselräder. Bei dieser Einrichtung sind die bewegten Massen geringer.

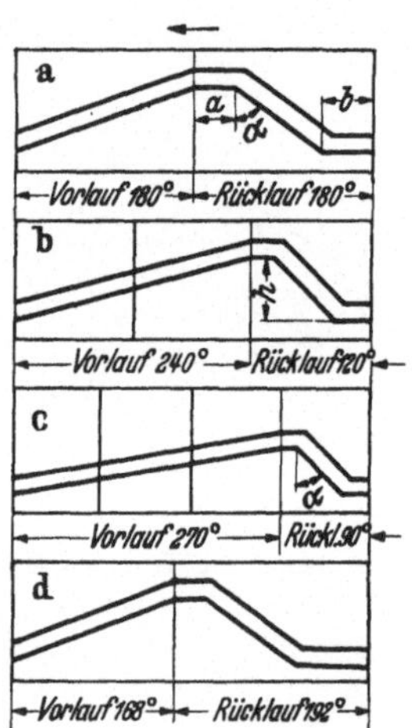

Abb. 72. Kurven für eingängiges Gewinde:
a Kurventeilung 1:1; Vorlaufanteil: ½
b Kurventeilung 2:1; Vorlaufanteil 1²/₃. Die Anzahl der Strählgänge muß durch 2 teilbar sein.
c Kurventeilung 3:1; Vorlaufanteil ³/₄. Die Anzahl der Strählgänge muß durch 3 teilbar sein.
Kurve für mehrgängiges Gewinde:
d Kurventeilung 7:8 für 4-faches Gewinde; Vorlaufanteil ⁷/₁₅. Der Rücklauf darf hierbei nicht unter 120° gewählt werden.

Das gesamte Übersetzungsverhältnis (Drehzahlverhältnis) zwischen der Strählkurve und der Arbeitsspindel errechnet sich daher wie folgt:

$$D_v = \frac{\text{Drehzahl d. Strählkurve}}{\text{Drehzahl d. Arbeitsspind.}} = \frac{\text{Gewindesteigg.}}{\text{Kurvenweg}} \cdot \text{Vorlaufanteil}$$

Die Strählgeschwindigkeit darf vier Umdrehungen der Strählkurve in der Sekunde nicht übersteigen.

Die Anzahl der Strählerdoppelhübe (Strählkurvenumdrehungen) je sec. errechnet sich:

$$A_z = \frac{\text{Arbeitsspindel-Umdr/min}}{60} \cdot D_v$$

Berechnungsbeispiel: Ein Arbeitsstück aus St. 60.11 hat eine Herstellungszeit von 70 s (reine Arbeitszeit) und soll ein Gewinde von 1,5 mm Steigung erhalten.

Umläufe der Arbeitsspindel = 370 je min. Die Gewindelänge sei einschließlich Zugabe für den An- und Auslauf des Strählers 16 Gänge. Der Kurvenweg ist daher $16 \cdot 1,5 = 24$ mm. Die Kurventeilung wird gestrählt mit einem Vorlaufanteil von ²/₃.

Übersetzungsverhältnis

$$D_v = \frac{1,5}{24} \cdot \frac{2}{3} = \frac{1}{24},$$

d. h. eine Umdrehung der Strählkurve auf 24 Umdrehungen der Arbeitsspindel

$$A_z = \frac{370}{60} \cdot \frac{1}{24} = 0{,}256 \text{ Hübe/s},$$

Anzahl der Strähldurchgänge für das Werkstück
$$0{,}256 \cdot 70 = 18 \text{ Durchgänge.}$$

Mit entsprechenden Wechselrädern könnten mit der gleichen Strählkurve auch Gewinde mit einer Steigung von 2 mm und 3 mm gestrählt werden, denn

$$\frac{24}{2} = 12 \qquad \text{u.} \qquad \frac{24}{3} = 8.$$

b) Bei *mehrgängigem Gewinde* muß das Verhältnis zwischen Vorlauf und Rücklauf auf der Gewindekurve so gewählt werden, daß beide Strecken sich um einen bestimmten Bruchteil entsprechend der Gangzahl des Gewindes unterscheiden.

Z. B. bei zweigängigem Gewinde um $\frac{1}{2}$
„ dreigängigem „ „ $\frac{1}{3}$ oder $\frac{2}{3}$
„ viergängigem „ „ $\frac{1}{4}$ oder $\frac{3}{4}$.

Der Bruchteil kann in den Vorlauf oder Rücklauf gelegt werden. Der Strähler setzt also bei zweigängigem Gewinde um $\frac{1}{2}$ Gang, bei dreigängigem Gewinde um $\frac{1}{3}$ oder $\frac{2}{3}$ Gang früher oder später ein. Die Gänge werden also alle hintereinander so lange durchgestrählt, bis alle Gänge volle Tiefe erreicht haben.

Berechnungsbeispiele: Gewinde viergängig, Steigung 16 mm. Angenommen eine Spindeldrehzahl $n_d = 350$ Umdr/min.

Gesamtarbeitszeit für ein Werkstück = 60 s ohne Nebenzeit.

Gewindelänge des Werkstückes sei 26 mm.

Das Gewinde erhält also $\dfrac{26}{16} = 1{,}62$ Gänge.

Zur Berechnung der Kurvenhöhe wird für An- und Auslauf eine Gangzahl von 2 gewählt. Der Bruchteil von $\frac{1}{4}$ für viergängiges Gewinde wird dem Rücklauf zugeschlagen. Die Kurventeilung ist also:

Vorlauf $^8/_4$ Gang
Rücklauf $^9/_4$ Gang
Kurventeilung daher 8:9 d. h. die Kurve ist in 17 Teile geteilt,

$$\text{Vorlaufanteil} = \frac{8}{17}.$$

Die weitere Rechnung ist die gleiche, wie bei eingängigem Gewinde

$$D_v = \frac{16}{32} \cdot \frac{8}{17} = \frac{4}{17} = \frac{1}{4\frac{1}{4}}$$

$$A_z = \frac{350}{60} \cdot \frac{1}{4\frac{1}{4}} = 1{,}37 \text{ Hübe/s.}$$

Anzahl der Strähldurchgänge
$$1{,}37 \cdot 60 = 82 \text{ Durchgänge}$$
also für jeden Gang $\dfrac{82}{4} = 20{,}5$ Durchgänge.

Während der Strähler durch die Kurve der Gewindesteigung entsprechend bewegt wird, geht der Querschlitten allmählich auf die Gewindetiefe, wodurch der Vorschub des Strählers entsteht. Bei Gewinden mit geringerer Tiefe erhält die Querschlittenkurve eine gleichmäßige Steigung und einen anschließenden Gradlauf, damit der Strähler bei den letzten ein bis zwei Hüben ausschneiden kann. Bei größerer Gewindetiefe und härteren Werkstoffen soll die Anstellkurve mehrere Steigungen erhalten, so daß der Strähler anfangs mit grobem und später mit feinerem Vorschub schneidet.

Ist der Antrieb der Strählkurve vom Antrieb abschaltbar, so bietet dies den Vorteil, daß nach Beendigung des Strählvorganges beim Zurückgehen des Querschlittens die Einrichtung stillgesetzt werden kann und vorzeitiger Verschleiß vermieden wird. Außerdem gibt dies die Möglichkeit, Innengewinde zu strählen, da hierbei der Strähler vor dem Rückgang des Querschlittens in der Stellung vor dem Arbeitsstück stehen bleiben muß. Ein besonderer Nocken läßt die Kupplung stets in der richtigen Stellung der Strählkurve abschalten.

Zwei Gewinde gleicher Steigung an einem Werkstück können mit einem Doppelsträhler gleichzeitig gestrählt werden. Entfernung und Durchmesser der Strähler müssen dem Werkstück angepaßt werden (Abb. 73).

Zwei Gewinde verschiedener Steigung können gestrählt werden, wenn ihre Lage am Werkstück gestattet, daß die Gewinde mit einem Doppelsträhler nacheinander bearbeitet werden können (Abb. 74 u. 75).

Linksgewinde werden bei rechtslaufender Spindel von links nach rechts (von dem Spindelkopf weg) gestrählt. Die Strählkurve muß daher entgegengesetzte Kurvenbahnen haben.

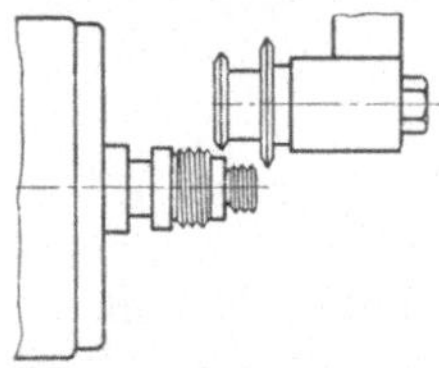

Abb. 73. Strählen von 2 Gewinden gleicher Steigung und verschiedenen Durchmessers mit Doppelsträhler.

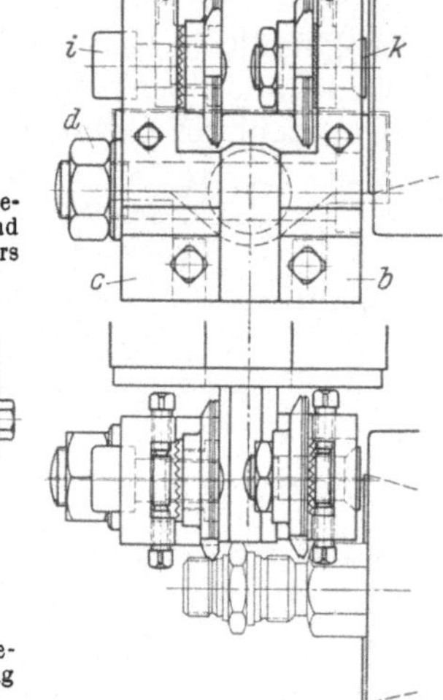

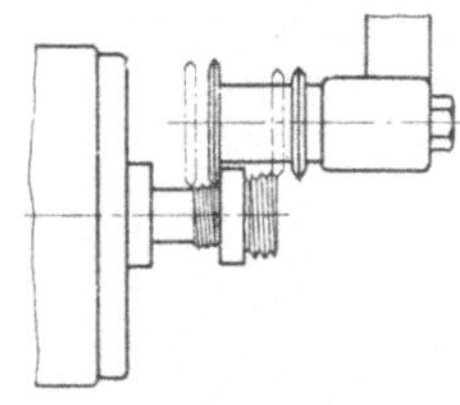

Abb. 74. Strählen von 2 Gewinden verschiedener Steigung und verschiedenen Durchmessers mit Doppelstrählern.

Abb. 75. Strählerhalter für 2 Gewindesträhler.

a Halterkörper mit Schaft, *b* u. *c* Strählerhalter um den Bolzen *d* schwenkbar. Die Schrauben *e* und *f* sichern die Stellung der Halter. Die Strähler *g* und *h* sitzen auf dem Bolzen *i* und *k* einstellbar durch die Schrauben *l*.

23. Sondereinrichtungen auf dem Querschlitten.

Für Arbeitsstücke, die in großer Menge hergestellt werden, ist es manchmal wirtschaftlich, zusätzliche Arbeitsgänge wie z. B. Flächenfräsen, Querbohren usw. auf dem Automaten ohne Nacharbeit fertig zu bearbeiten. Solche Sondereinrichtungen dürfen nicht störungsanfällig sein, da sie sonst die Ersparnis an Arbeitszeit aufheben. Die Zugänglichkeit und Übersicht der Hauptbearbeitung darf nicht vermindert werden. Solche Sondereinrichtungen, von denen nachstehend einige Beispiele gezeigt werden, müssen meist dem betreffenden Arbeitsstück entsprechend entwickelt werden.

Abb. 76. Schlitzfräseeinrichtung.

a Vierfacher Revolverkopf im Längsschlitten *b* drehbar gelagert. Der Schlitten *b* gleitet auf der Führung *c*, welche auf dem unteren Querschlitten befestigt ist. Die Längsbewegung des Schlittens *b* wird durch eine unabhängige Kurve über Gestänge *d* gesteuert. Zum Einfräsen der Nut wird der Schlitten *b* rückwärts gegen den Fräser *e* gezogen. Der Querschlitten selbst wird nicht radial bewegt, sondern festgeklemmt. Zum Abstechen wird ein besonderer Stahlhalter im Gehäuse *f* auf den Querschlitten gesetzt, der durch den Hebel *g* radial gesteuert wird.

a) *Fräseinrichtung.* Eine Einrichtung, um nach dem Abstechen in die Drehteile noch Schlitze oder Flächen zu fräsen, zeigen die Abb. 76 u. 77. In der Abstechlage wird das Werkstück während des Abstechens von der Aufnahmespannvorrichtung eines vierteiligen Revolverkopfes abgegriffen. Nach dem Abstechen geht der Revolverkopf zurück und schaltet um 90°. Nach der folgenden 90°-Schaltung wird das Werkstück durch geeignete Mittel festgespannt und durch weitere Rückbewegung des Revolverschlittens gegen die Fräsvorrichtung gebracht. Der Antrieb der Fräser wird von der Hauptantriebswelle abgeleitet und kann durch Wechselräder entsprechend der verlangten Schnittgeschwindigkeit eingestellt werden. Nach Beendigung des Fräsvorganges geht der Revolverschlitten wieder gegen die Arbeitsspindel vor, gibt den Revolverkopf zum Umschalten frei und beim nächsten Umschalten des Kopfes wird die Spannung geöffnet. Dabei wird das fertige Werkstück von einer Kurve abgestreift.

b) *Querbohreinrichtung.* Soll das Arbeitsstück eine kleinere Bohrung senkrecht zur Längsachse erhalten, so wird eine Querbohreinrichtung auf einem der Querschlitten aufgesetzt (Abb. 78 u. 79). In der betreffenden Spindellage muß die Arbeitsspindel stillgesetzt und durch eine Bremse festgehalten werden, ähnlich wie dies bei Futterautomaten in der Spannlage stets geschieht (s. Abschn. II, 5).

Die Bohrspindel wird von der Hauptantriebswelle über Stirn- und Kegelräder angetrieben. Die Schnittgeschwindigkeit kann durch Wechselräder eingestellt werden. Die Bohrspindel wird durch den Querschlitten vor- und zurückgeschoben.

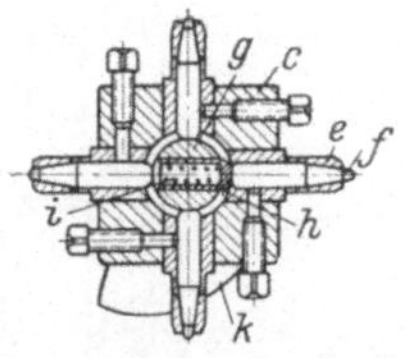

Abb. 77. Einrichtung nach Abb. 76 teilweise im Schnitt. Der Schlitten *a* mit dem Revolverkopf *c* wird durch Gestänge *b* bewegt. Die Werkstücke werden auf kleine Spreizdorne *e* aufgenommen, welche durch die inneren Kegeldorne *f* gespannt werden. Der untere Schnitt zeigt, daß nur derjenige Spreizdorn gespannt wird, der jeweils dem Fräser *e* (Abb. 76) gegenübersteht. Der Vierkantkopf wird nach jedem Arbeitsstück um 90° geschaltet, wobei immer der eine Kegeldorn *f* auf den federbelasteten Bolzen *h* auftrifft und so das Werkstück festspannt. Bei weiterer Drehung wird die Spannung wieder gelöst und durch die Kurve *k* das Werkstück beim Schwenken von dem Spreizdorn abgestreift. *i* Druckfeder für den Spannbolzen *h*, *l* Abstechstahl, *m* Abstechschlitten, *n* Andrückhebel für den Abstechschlitten, *o* Übertragungsgestänge.

VII. Selbsttätige Ladeeinrichtungen.

Arbeitsstücke, welche sauber gepreßt, gegossen oder bereits von der Stange abgestochen und vorbearbeitet sind, können auf Stangen-Automaten durch eine Ladeeinrichtung selbsttätig in die Spannvorrichtung eingeführt werden. Die Teile müssen rund sein und dürfen nicht zu verwickelte Form haben, damit sie durch eine Zuführungsrinne rutschen und ohne Störung in die Spannzange eingeführt werden können. Teile mit ungünstiger Außenform können in vielen Fällen in eine

Abb. 78. Querbohreinrichtung auf dem oberen Querschlitten eines Vierspindel-Automaten.
a Querbohrspindel; *b* Getriebegehäuse; *c* Antriebswelle; *d* Räderkasten für die Ableitung der Drehbewegung von der Mittelwelle.

Hilfsbuchse eingesetzt werden, um dadurch eine selbsttätige Einspannung möglich zu machen. Der Einspanndurchmesser der Arbeitsstücke darf der Spannzangen wegen nur wenige Zehntel Millimeter Toleranz aufweisen. Rohlinge aus gepreßtem Stahl müssen deshalb häufig an der Spannstelle vorbearbeitet oder durch eine Matrize gedrückt werden. Bei gezogenen Rohlingen oder Preßteilen aus Leichtmetall kann meist ohne Vorbearbeitung gespannt werden oder es genügt, die Arbeitsstücke nach den Durchmessertoleranzen auszusuchen. Zur Ladeeinrichtung gehört der Werkstückbehälter, der Zubringer, die Einsatzvorrichtung und die Anschlag- und Ausstoßvorrichtung.

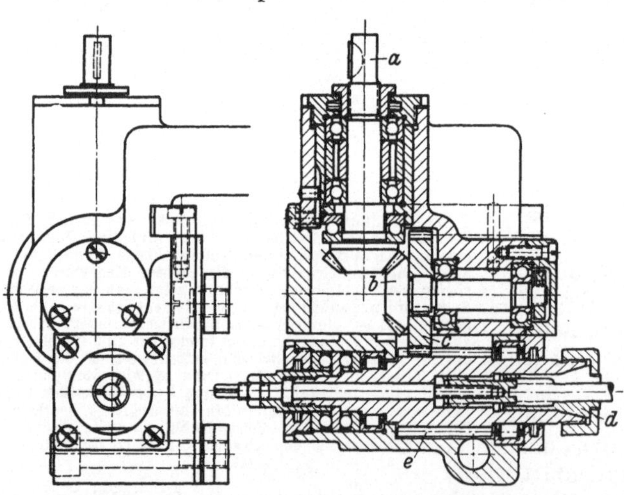

Abb. 79. Schnitt durch die Querbohrspindel mit Antriebsgehäuse.
a und *b* Kegelräder. Über das Stirnrad *c* wird die Drehbewegung auf die lange Verzahnung der Querbohrspindel *e* übertragen. Die Querbohrspindel wird in einem Gehäuse auf dem Querschlitten befestigt, der die Vorschubbewegung steuert. Zur Aufnahme der Bohrer dient die Spannzange *d* im Kopf der Bohrspindel.

24. Der Werkstückbehälter ist fest mit dem Maschinengestell verbunden und wird in seiner Form sehr verschiedenartig ausgeführt, je nach der Form der Werk-

Abb. 80. Ladeeinrichtung auf einem Sechsspindel-Automaten mit geradem Werkstückbehälter.

Abb. 81. Ladeeinrichtung auf einem Vierspindel-Automaten mit gebogener Zuführungsrinne.
Die Zuführungsrinne schließt sich an den Behälter a an und kann von der Bedienungsseite der Maschine gefüllt werden. Der Behälter a ist durch den Rahmen b mit dem Rahmen der Maschine verbunden. c Zubringer, d Einstoßschieber.

stücke. Da die meisten Teile annähernd walzenförmig sind, ist der Behälter am häufigsten als schrägliegende Rinne ausgebildet, die über dem unteren Querschlitten befestigt ist. Der Querschnitt der Rinne ist aus Flachschienen zusammengesetzt und der Form der Rohlinge angepaßt (Abb. 80). Die Länge der Rinne ist so zu bemessen, daß eine genügende Anzahl Werkstücke aufgenommen werden können, die für etwa 20—30 Minuten Arbeitszeit ausreicht. Bei kurzer Arbeitszeit muß daher die Rinne als Wendel oder in Zickzackform gebogen werden (Abb. 81). Eine Seite der Rinne ist offen zu lassen, oder mit einem Schlitz zu versehen, damit die Lage der Rohlinge jederzeit überprüft werden kann und notfalls eine Hemmung durch Verkanten sofort zu beseitigen ist. Die Öffnung zum Einlegen der Rohlinge wird durch eine Platte abgeschlossen, in welche die Form des Werkstückes eingearbeitet ist. Bei unsymmetrischer Form kann dadurch keine Verwechselung vorkommen. Für flache Scheiben

Abb. 82. Teller-Magazin für scheibenförmige Rohlinge.

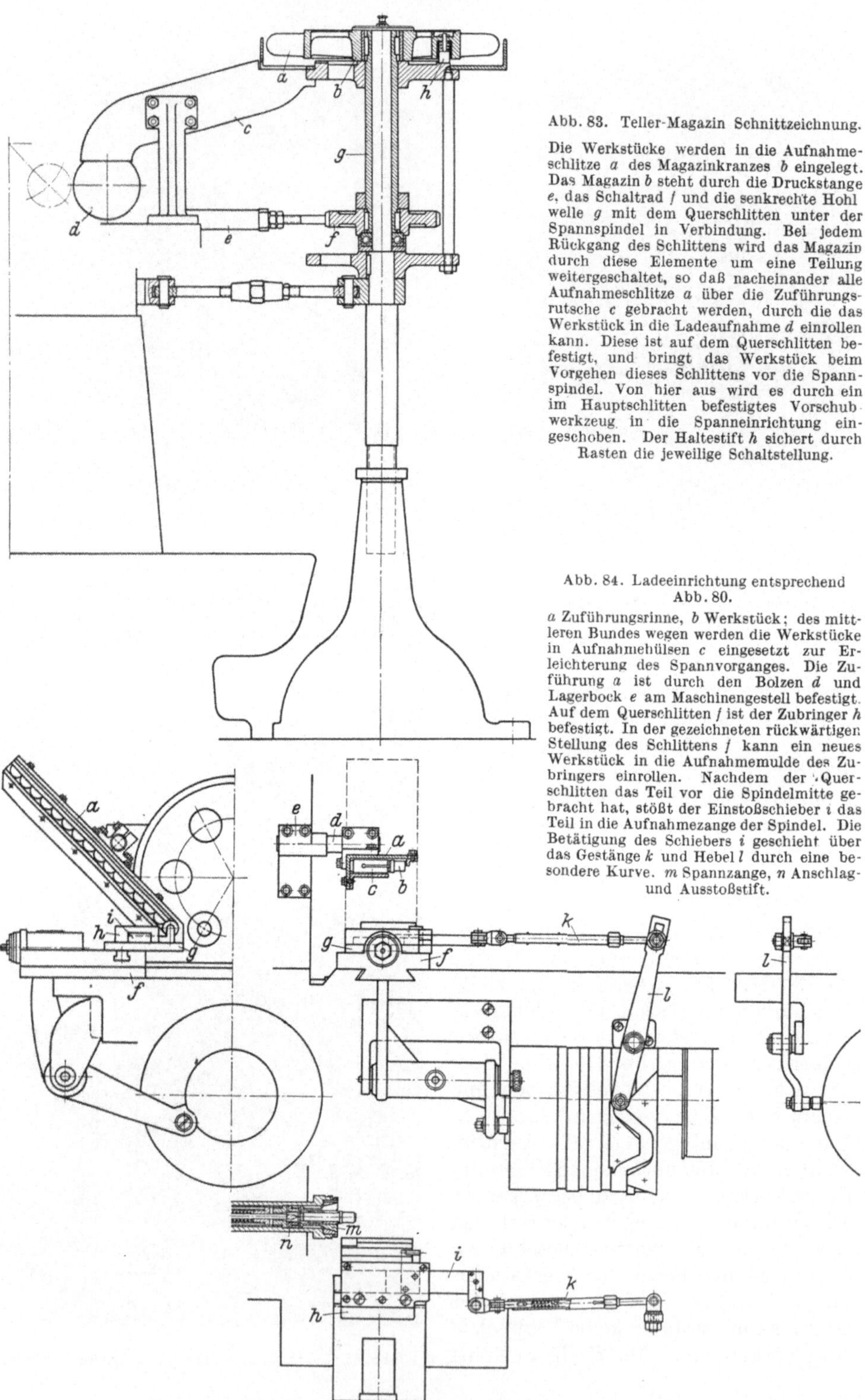

Abb. 83. Teller-Magazin Schnittzeichnung.

Die Werkstücke werden in die Aufnahmeschlitze a des Magazinkranzes b eingelegt. Das Magazin b steht durch die Druckstange e, das Schaltrad f und die senkrechte Hohlwelle g mit dem Querschlitten unter der Spannspindel in Verbindung. Bei jedem Rückgang des Schlittens wird das Magazin durch diese Elemente um eine Teilung weitergeschaltet, so daß nacheinander alle Aufnahmeschlitze a über die Zuführungsrutsche c gebracht werden, durch die das Werkstück in die Ladeaufnahme d einrollen kann. Diese ist auf dem Querschlitten befestigt, und bringt das Werkstück beim Vorgehen dieses Schlittens vor die Spannspindel. Von hier aus wird es durch ein im Hauptschlitten befestigtes Vorschubwerkzeug in die Spanneinrichtung eingeschoben. Der Haltestift h sichert durch Rasten die jeweilige Schaltstellung.

Abb. 84. Ladeeinrichtung entsprechend Abb. 80.

a Zuführungsrinne, b Werkstück; des mittleren Bundes wegen werden die Werkstücke in Aufnahmehülsen c eingesetzt zur Erleichterung des Spannvorganges. Die Zuführung a ist durch den Bolzen d und Lagerbock e am Maschinengestell befestigt. Auf dem Querschlitten f ist der Zubringer h befestigt. In der gezeichneten rückwärtigen Stellung des Schlittens f kann ein neues Werkstück in die Aufnahmemulde des Zubringers einrollen. Nachdem der Querschlitten das Teil vor die Spindelmitte gebracht hat, stößt der Einstoßschieber i das Teil in die Aufnahmezange der Spindel. Die Betätigung des Schiebers i geschieht über das Gestänge k und Hebel l durch eine besondere Kurve. m Spannzange, n Anschlag- und Ausstoßstift.

bietet ein Tellermagazin nach Abb. 82 u. 83 Vorteile, da viele Teile auf gedrängtem Raum untergebracht werden können.

25. Der Zubringer wird auf dem Querschlitten befestigt und ist daher mit diesem radial zur Spindelmitte beweglich (Abb. 84). In der rückwärtigen Stellung des Querschlittens ist eine Aufnahmemulde des Zubringers unter die Öffnung der Rinne getreten, so daß der unterste Rohling in die Mulde rutscht. Geht der Querschlitten zur Arbeitsspindel vor, so ist die Rinne durch die Oberfläche des Zubringers abgeschlossen. Die Aufnahmemulde mit dem Rohling steht jetzt vor der Spannzange in der Arbeitsspindel. Reicht der Planweg des Querschlittens nicht aus, so kann der Hub des Schlittens durch die Anordnung eines Zahntriebes und zweier Zahnstangen verdoppelt werden (Abb. 85 u. 86).

Die Einstoßvorrichtung, ein Schieber, der durch eine besondere Kurve gesteuert wird, stößt den Rohling in die geöffnete Spannzange ein und drückt ihn federnd gegen einen festen Anschlag. Ist der Einstoßweg sehr lang, so muß eine besondere Einstoßvorrichtung auf den Werkzeug-

Abb. 85. Ladeeinrichtung für einen Vierspindel-Automaten mit vergrößertem Zubringerweg.

Abb. 86. Ladeeinrichtung entsprechend Abb. 85.

a Zubringer, *b* Werkstückbehälter, *c* Einstoßhebel, *d* Werkstück. Die Klappe *e* kann federnd ausweichen, wenn der Zubringer nach dem Einspannen des Werkstückes zurückgeht. Einstoßhebel *c* wird gesteuert durch eine Zusatzkurve *h* an der Querschlittenkurve über Hebel *g* und Gestänge *f*. Der Querschlitten wird bewegt über Rolle *i*. Im Oberschieber des Querschlittens ist das Zahnrad *l* drehbar um die Achse *k* gelagert. Das Zahnrad greift in die Zahnstange *m* ein, welche durch die Schraube *n* am Maschinengestell festgehalten wird. Beim Vorgehen des Schlittens wälzt sich daher das Rad *l* auf der feststehenden Zahnstange *m* ab. Das Zahnrad *o* sitzt ebenfalls auf der Achse *k* und macht deren Drehung mit. Das Rad *o* kämmt mit einer Zahnstange *b*, welche im Zubringer *a* befestigt ist. Das Zahnrad *o* erteilt also dem Zubringer eine Beschleunigung und vergrößert so dessen Weg, damit er mit Sicherheit aus der Schaltebene der Spindeln zurückgezogen wird.

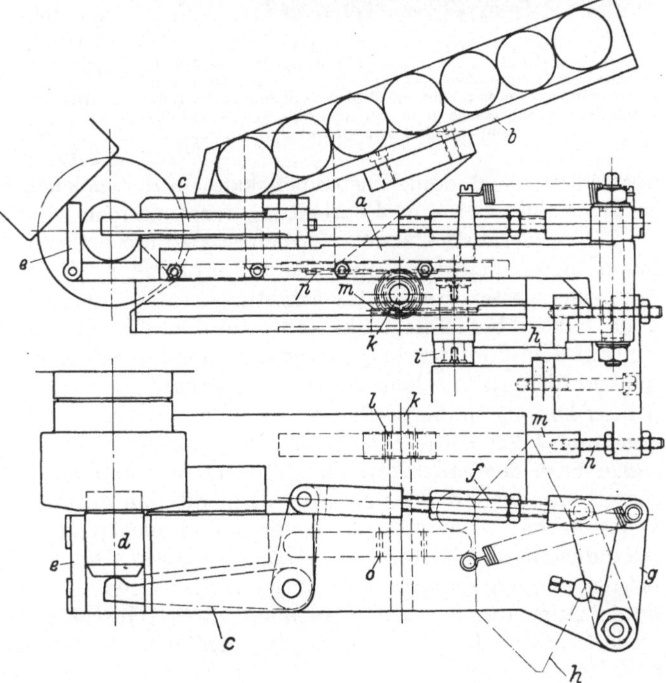

schlitten gesetzt werden, welche durch eine unabhängige Kurve gesteuert wird (Abb. 87).

26. Die Anschlag- und Ausstoßvorrichtung. Der feste Anschlag wird in das Vorschubrohr eingeschraubt, wenn die Ausstoßstange durch den Anschlag hindurch treten kann. In einem Flansch, der durch Stehbolzen mit der Arbeitsspindel verschraubt ist, wird das Vorschubrohr radial festgehalten, so daß die genaue Länge der Arbeitsstücke gesichert ist. Ist die Anschlagfläche des Werkstückes verhältnismäßig klein, so kann der Ausstoßbolzen nicht mehr durch eine Bohrung im Anschlag geführt werden. In diesem Falle wird der Anschlag mit der Ausstoßstange verbunden und diese in der Anschlagrichtung im Vorschubrohr abgefangen. Die Ausstoßstange ragt aus dem hinteren Ende des Vorschubrohres heraus und kann durch den gewöhnlichen Vorschubschieber betätigt werden, um das fertig bearbeitete Werkstück aus der Stange auszuwerfen (Abb. 88 u. 89).

Der ganze Vorgang wird im Schnellgang der Kurvenwelle erledigt, also in der Zeit, welche bei dem Stangen-Automaten für das Entspannen, Vorschieben und Spannen der Werkstoffstange vorgesehen ist. Da bei der Ladevorrichtung meist verwickelte Bewegungen vollzogen werden müssen, so wird dabei die Zeit für den Eilgang erhöht, z. B. von 2 auf 4 s, um Ladehemmungen zu

Abb. 87. Ladeeinrichtung für Tellerventile.
a Werkstückbehälter, *b* Zubringer. Die Werkstücke werden in besondere Aufnahmehülsen gesteckt, um das selbsttätige Laden zu ermöglichen. Wegen des langen Einstoßweges werden die Teile durch eine Einstoßstange *c* in der unabhängigen Vorschubeinrichtung *d* eingestoßen.

vermeiden. Nach dem Einspannen kann in der gleichen Spindellage vom Hauptschlitten aus noch eine Bearbeitung vorgenommen werden.

27. Sonderausführungen. Arbeitsstücke mit starken Absätzen oder mit einem Bund bieten Schwierigkeiten beim Einführen in die Spannzange und bedingen besonders gesteuerte Stützvorrichtungen. Bei dem vorbearbeiteten Werkstück nach Abb. 90 bis 92 liegt das Teil nach dem Einrollen in den Einführungsschieber nur auf dem vorderen und hinteren Zapfendurchmesser auf. Der Bund mit Sechskantprofil muß bis dicht an die Vorderkante der Spannzange gebracht werden, d. h. er kommt an die Stelle, welche vorher die vordere Unterstützung des Zapfens einnahm. Diese Unterstützung muß daher ausgeschwenkt werden, wenn die Spannzange bzw. der Stützdorn die Führung übernommen haben. Näheres siehe Beschreibung der Abbildung. Man kann die Einführung solcher Werkstücke auch vereinfachen, wenn man diese vor dem Einlegen in den Ladebehälter in runde Klemmbüchsen mit größerem Außendurchmesser als der Bund einsetzt. Teile, die bei der zweiten Einspannung Aufnahme im Gewinde erfordern, können gleichfalls durch Aufschrauben von Gewindebüchsen selbsttätig geladen werden. Dies erfordert jedoch die Anfertigung einer größeren Anzahl solcher Aufnahmebüchsen und Mehraufwand für Hilfskräfte, welche die Büchsen rechtzeitig bestücken und

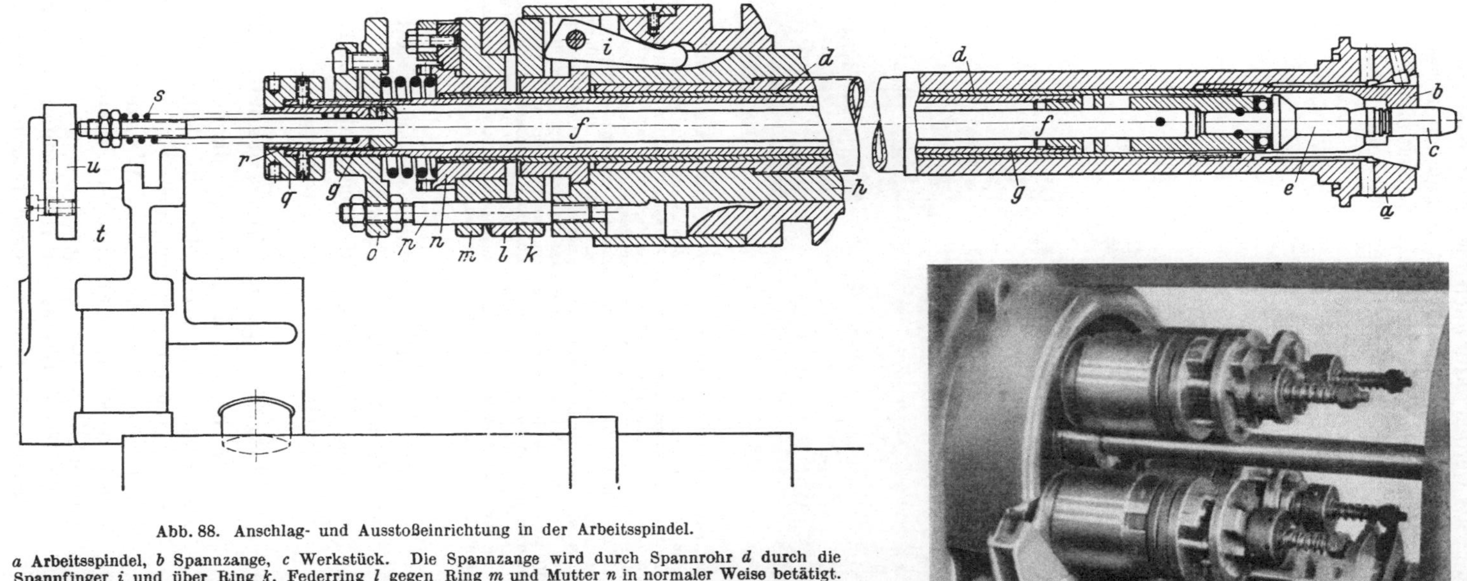

Abb. 88. Anschlag- und Ausstoßeinrichtung in der Arbeitsspindel.

a Arbeitsspindel, *b* Spannzange, *c* Werkstück. Die Spannzange wird durch Spannrohr *d* durch die Spannfinger *i* und über Ring *k*, Federring *l* gegen Ring *m* und Mutter *n* in normaler Weise betätigt. Der Anschlag *e* ist drehbar mit der Ausstoßstange *f* verbunden An Stelle des Vorschubrohres ist das Rohr *g* in das Spannrohr eingesetzt und wird über den Gewindering *o*, die Stehbolzen *p* mit der Buchse *h* axial unverschiebbar verbunden. Die Buchse *h* ist mit der Arbeitsspindel verschraubt. In dem Rohr *g* sitzt die Federhülse *r*, die gleichzeitig als rückwärtiger Anschlag für die Stange *f* dient. Durch die Druckfeder *s* wird die Stange *f* stets nach hinten gezogen. In dieser Stellung schlägt das Werkstück gegen den Anschlag *e* an, der zur Arbeitsspindel axial feststeht. Nachdem die Spannzange wieder geöffnet wurde, bewegt sich der Vorschubschieber *t* nach rechts, wobei das Anschlagstück *u* die Stange *f* nach rechts schiebt und das Arbeitsstück aus der Spannzange ausstößt.

Abb. 89. Ansicht der Ausstoßeinrichtung am hinteren Spindelende, entsprechend Abb. 88.

entladen müssen. Andererseits werden dafür auch wieder Arbeitskräfte eingespart, da sonst eine Nachbearbeitung auf handbedienten Maschinen notwendig wäre. Auch die Genauigkeit der Einmittung in der Spannzange spielt eine Rolle, da diese bei Zwischenbüchsen geringer wird. Demgegenüber kann eine Ladeeinrichtung

 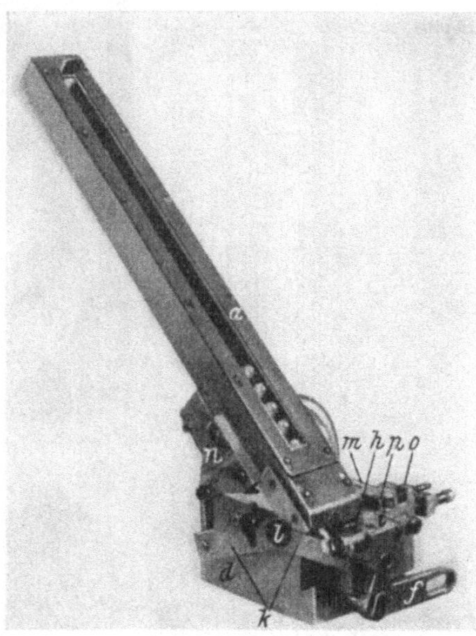

Abb. 90 u. 91. Werkzeugbehälter mit Zubringer und Einstoßschieber für Werkstück mit mittlerem Bund.
Das Werkstück *h* muß an seinem vorderen Teil während des Einschiebens abgestützt werden. Die Stütze muß vor dem Zurückgehen des Querschlittens ausgeschwenkt werden. *a* Werkstückbehälter, *b* Befestigungsarm, *c* Leiste am Maschinenrahmen, *d* Zubringer, *e* Einstoßschieber, wird betätigt durch den Winkelhebel *f* über Gelenkstück *g*. Der Hebel *f* wird durch die umgeänderte Werkstoffanschlagkurve gesteuert. Der nicht dargestellte Betätigungsstift greift in das Langloch ein und überträgt seine auf- und abgehende Bewegung auf den Hebel. Das Werkstück *h* rutscht in der hinteren Stellung des Querschlittens in die Aufnahmemulde *i*. Der vordere Teil des Werkstückes wird gestützt durch den Hebel *k*, der um den Bolzen *l* drehbar am Zubringer gelagert ist. Durch einen Indexstift wird die dargestellte Lage des Hebels *k* gesichert. Durch einen Hebel *m* kann dieser Indexstift aus der Raste herausgezogen werden, wodurch der unter Federwirkung stehende Hebel *k* nach vorn herunterkippt und der Zubringer ohne Behinderung zurückgehen kann. Die Auslösung des Hebels *m* geschieht durch eine Stellschraube im Ansatz *o* des Schiebers *e*, die Schraube *p* nimmt den Hebel wieder mit zurück. An dem Flachstück *n* ist eine Rolle angebracht, welche beim weiteren Zurückgehen des Zubringers den hinteren Teil des Hebels *k* wieder nach unten drückt, so daß der Indexbolzen wieder die alte Lage sichert.

Abb. 92. Die gleiche Ladeeinrichtung, wie Abb. 90 u. 91.
Hier ist der Hebel *k* in seiner heruntergeklappten Stellung gezeigt. Die Rolle am Flachstück *n* berührt schon den hinteren Teil des Hebels *k*.

einfacher Bauart angebracht werden, die oft für verschiedene Werkstücke Verwendung findet. Ein Vorteil also bei geringeren Stückzahlen und häufiger Umstellung.

VIII. Auslegung von Werkzeugplänen.

Wie bereits im Abschn. I dargelegt, bietet der Mehrspindel-Automat sehr gute Möglichkeiten, die Bearbeitung eines Werkstückes auf viele Werkzeuggruppen zu verteilen. Dem Werkzeugkonstrukteur stehen neben 4—6 Arbeitsspindeln auch ebenso viele Querschlitten zur Verfügung.

28. Die Verteilung der Arbeitsstufen. Um ein Werkstück mit der bestmöglichen Leistung zu bearbeiten, ist es zunächst erforderlich, die Zerspanung derart in einzelne Stufen zu unterteilen, daß nach Möglichkeit in jeder Spindellage annähernd die gleichen Arbeitswege zurückzulegen sind. Dabei ist natürlich zu berücksichtigen, daß Arbeitsstufen, welche besonders kleine Vorschübe bedingen, meist entsprechend weniger Arbeitsweg in der gleichen Zeit erfordern wie z. B. Einstechen von Nuten, Formdrehen usw.

Wie bei jeder Dreharbeit, werden zuerst die Schrupparbeiten vorgenommen und nachfolgend das Schlichten, Fertigdrehen, Reiben, Gewindeschneiden u. a. Die

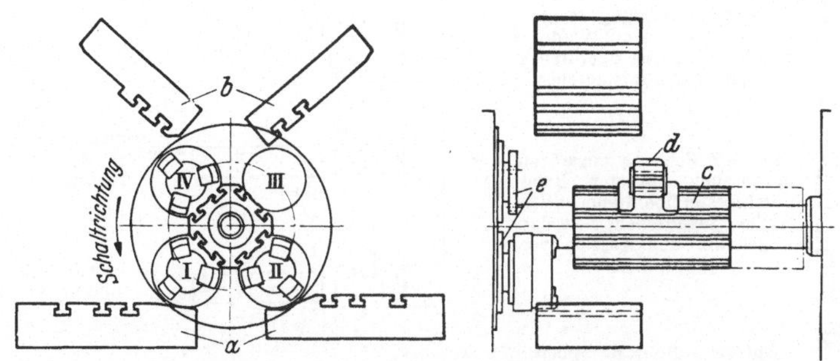

Abb. 93. Arbeitsraum eines Vierspindelautomaten.
a untere Querschlitten; *b* obere Querschlitten; *c* Haupt-Schlitten; *d* Werkzeugbock; *e* Arbeitsspindeln.

unteren Querschlitten sind beim Mehrspindel-Automaten am kräftigsten ausgebildet und daher in erster Linie für schwerere Schnitte und Schrupparbeiten geeignet. Die Spindeltrommel schaltet daher stets von der höher gelegenen Spindellage für das Abstechen oder Einspannen auf die unteren Querschlitten zu, so daß diese für die ersten beiden Arbeitsstufen zur Verfügung stehen (Abb. 93).

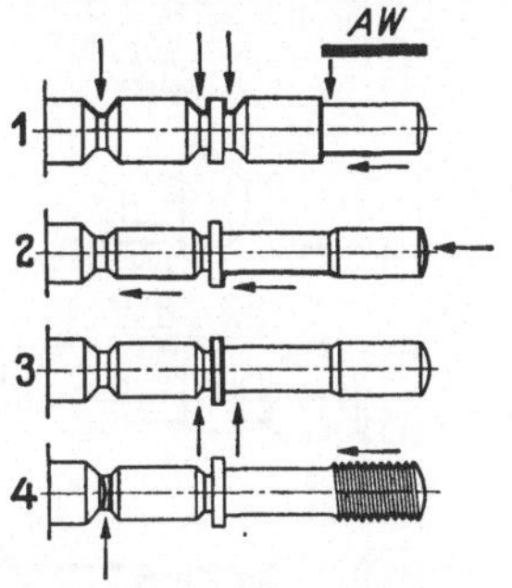

In den Abb. 94 bis 101 ist die Aufteilung der Arbeitsstufen an verschiedenen Arbeitsbeispielen schematisch dargestellt. Zur Vereinfachung und besseren Übersicht sind die Schneidwerkzeuge nicht dargestellt, damit die Aufteilung besonders hervorgehoben wird. Solche Aufteilungen setzen Erfahrung in der Dreherei voraus, da verschiedene Punkte berücksichtigt werden müssen, wie z. B. Festigkeit des Werkstoffes, Stabilität des Werkstückes, Spannung des Rohlinges, zulässige Schnittiefe, Toleranz der Fertigmaße und vieles andere mehr.

Die zweckmäßige Verteilung der Arbeitsstufen ist entscheidend für die Leistung des Automaten und die Güte der Arbeit. Der mit dem Einsatz der Maschinen beauftragte Betriebsmann oder Werkzeugkonstrukteur muß daher diese Fragen beherrschen, wozu ein genaues Studium der oben genannten Abbildungen und der

Abb. 94. Bearbeitung eines Bundbolzens auf Vierspindel-Stangen-Automaten. AW = Arbeitsweg.
Spindel 1 vorderen Gewindezapfen überdrehen, und einstechen.
Spindel 2 Schaft überdrehen, mit Langdrehschlitten, und Stirnfläche anrunden.
Spindel 3 Bund Planflächen drehen.
Spindel 4 Gewindeschneiden und Abstechen.

übrigen Arbeitspläne beitragen kann. Die Beispiele lassen erkennen, daß beim Mehrspindler die Berechnung der Herstellungszeit leichter und schneller möglich ist als beim Einspindel-Automaten. Bei letzterem müssen alle Arbeitsstufen genau errechnet werden und außerdem alle Schaltbewegungen und das störungsfreie Zusammenarbeiten der Werkzeuggruppen überprüft werden. Ebenso ist beim Einspindler nach dem Mehrkurvensystem das Berechnen und Aufzeichnen der Kurven eine zeitraubende Arbeit, die beim Mehrspindelautomaten fortfällt.

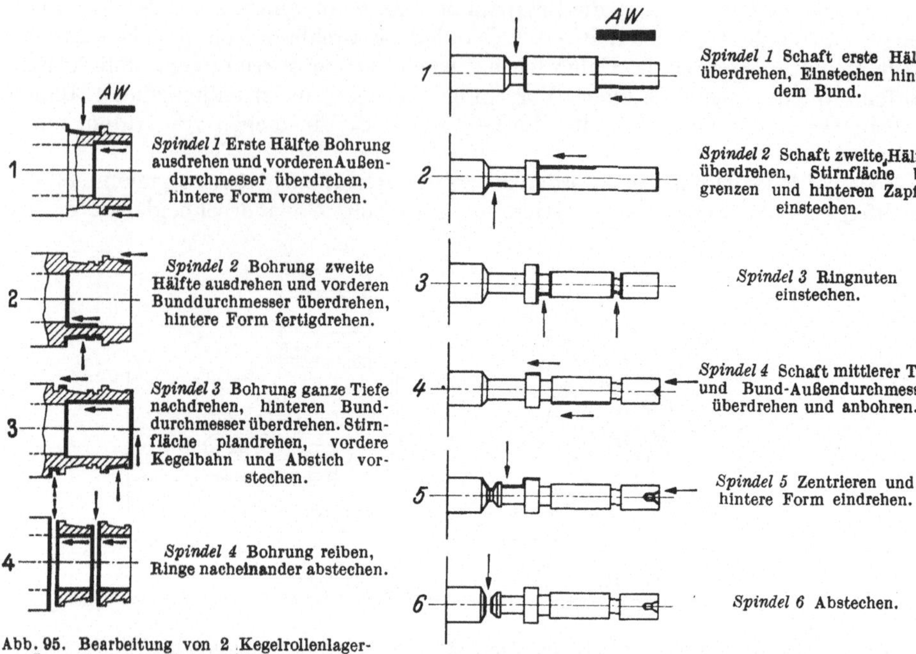

Spindel 1 Erste Hälfte Bohrung ausdrehen und vorderen Außendurchmesser überdrehen, hintere Form vorstechen.

Spindel 2 Bohrung zweite Hälfte ausdrehen und vorderen Bunddurchmesser überdrehen, hintere Form fertigdrehen.

Spindel 3 Bohrung ganze Tiefe nachdrehen, hinteren Bunddurchmesser überdrehen. Stirnfläche plandrehen, vordere Kegelbahn und Abstich vorstechen.

Spindel 4 Bohrung reiben, Ringe nacheinander abstechen.

Abb. 95. Bearbeitung von 2 Kegelrollenlager-Innenringen aus Rohr auf Vierspindel-Automaten.

Spindel 1 Schaft erste Hälfte überdrehen, Einstechen hinter dem Bund.

Spindel 2 Schaft zweite Hälfte überdrehen, Stirnfläche begrenzen und hinteren Zapfen einstechen.

Spindel 3 Ringnuten einstechen.

Spindel 4 Schaft mittlerer Teil und Bund-Außendurchmesser überdrehen und anbohren.

Spindel 5 Zentrieren und hintere Form eindrehen.

Spindel 6 Abstechen.

Abb. 96. Bearbeiten eines Ventilkörpers von der Stange auf Sechsspindel-Automaten.

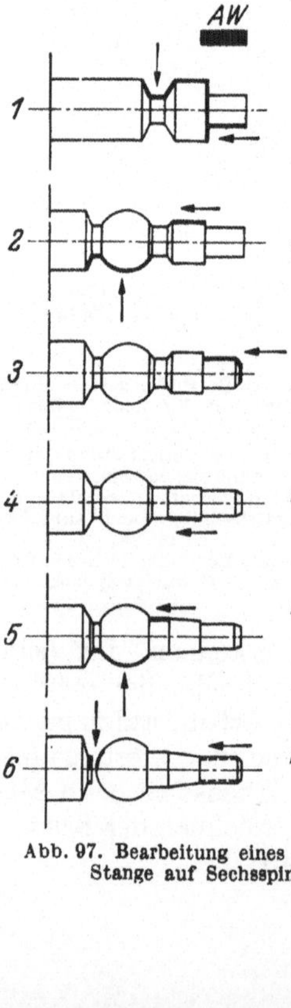

Spindel 1 Gewindezapfen überdrehen, einstechen.

Spindel 2 Kegelschaft vordrehen, Kugelform vorstechen.

Spindel 3 Gewindezapfen fertigdrehen.

Spindel 4 Kegel fertigdrehen.

Spindel 5 Zylinderschaft überdrehen, Kugelform nachdrehen.

Spindel 6 Gewindeschneiden, Abstechen.

Abb. 97. Bearbeitung eines Kegelbolzens von der Stange auf Sechsspindel-Automaten.

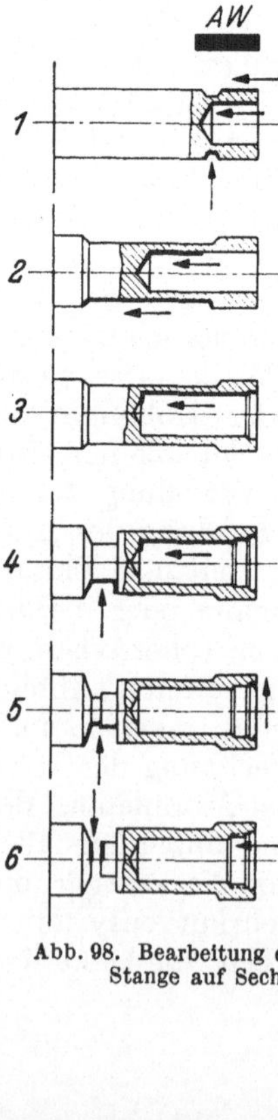

Spindel 1 Bohrung erste Hälfte bohren, Bunddurchmesser überdrehen, einstechen hinter dem Bund.

Spindel 2 Bohrung 2. Hälfte bohren, Schaft überdrehen mit Langdrehschlitten.

Spindel 3 Bohrung nachsenken.

Spindel 4 Bohrung fertigsenken, hinteren Zapfen vorstechen.

Spindel 5 Ausdrehung in der Bohrung einstechen und hinteren Zapfen fertigdrehen.

Spindel 6 Innengewinde schneiden, abstechen.

Abb. 98. Bearbeitung einer Schraubkapsel von der Stange auf Sechsspindel-Automaten.

29. Die Berechnung der Arbeitswege und der Kurven. Für die Berechnung der Arbeitszeit[1] auf Mehrspindel-Automaten läßt sich bei einiger Übung der längste notwendige Arbeitsweg und dessen Unterteilung leicht festlegen. Nicht nur die Längswege sind zu unterteilen sondern auch gegebenenfalls die Einstiche und Formarbeiten aufzuteilen, um die Werkzeuge für die Fertigarbeit zu entlasten. In den oben ge-

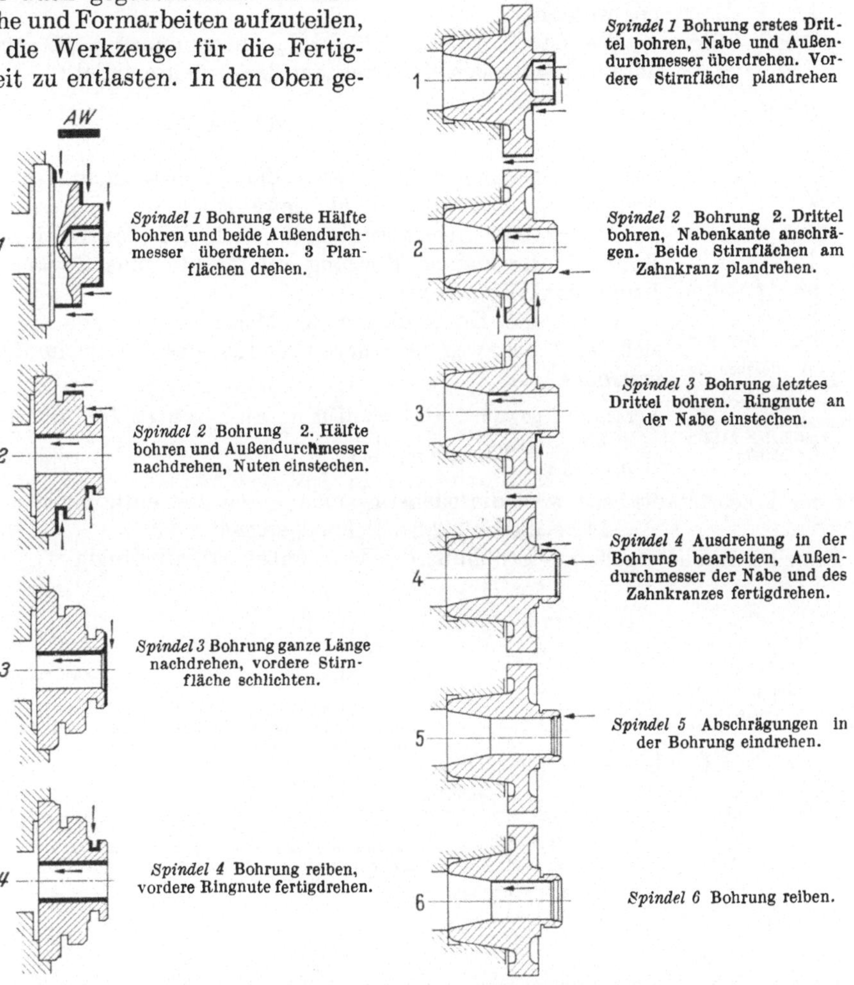

Abb. 99. Bearbeitung eines Schieberades auf Vierspindel-Futterautomaten.   Abb. 100. Bearbeitung eines Radkörpers auf Sechs-Spindel-Futterautomaten, erste Einspannung.

nannten Abbildungen ist jeweils der für die Herstellungszeit maßgebende Arbeitsweg der Hauptschlittenkurve durch den starken Strich AW gekennzeichnet.

Werkstoff und Spanabnahme bestimmen die Werte für den Vorschub und die Schnittgeschwindigkeit, nach welchen die reine Schnittzeit ermittelt wird.

Die Schaltzeit ist durch die Maschine unveränderlich gegeben, man braucht sie nur einmal der reinen Schnittzeit je Arbeitsstück zuzuschlagen, um damit die Laufzeit zu bekommen. Es läßt sich dann unschwer übersehen, ob für die übrigen

---

[1] Vgl. auch Werkstattbuch Heft 71, FINKELNBURG „Die wirtschaftliche Verwendung von Mehrspindelautomaten".

Arbeitsstufen die Vorschübe in den zulässigen Grenzen liegen. Nur bei einigen Schneidvorgängen wird es notwendig sein, durch Nachrechnen die Werte zu überprüfen.

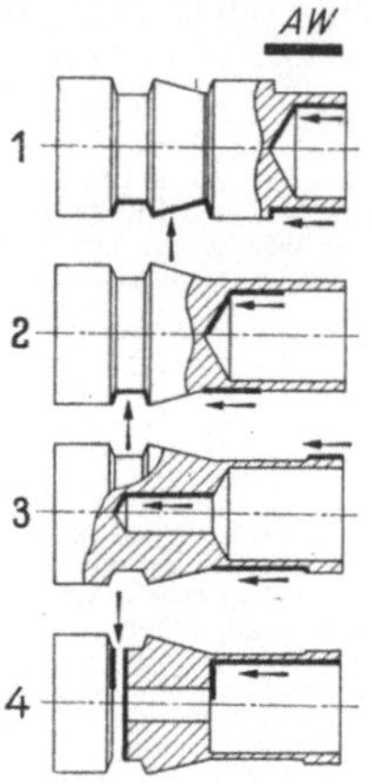

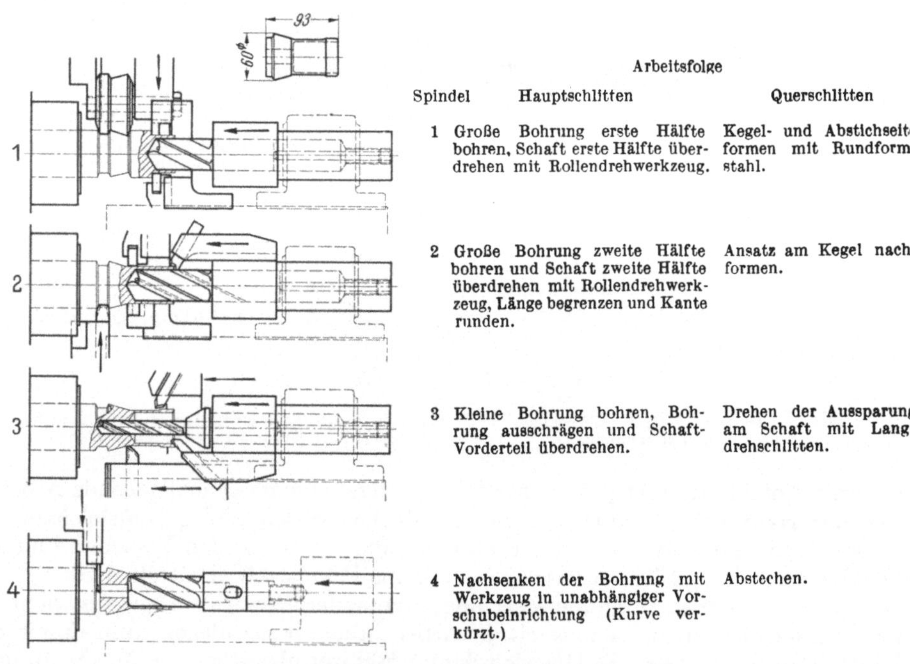

Abb. 101. Bearbeitung einer Spannzange auf Vierspindel-Automaten von der Stange. Abb. 102 zeigt den ausgeführten Arbeitsplan hierfür.

Als Beispiel hierfür soll nachfolgend die in den Abb. 101 u. 102 dargestellte Bearbeitung einer Spannzange durchgerechnet werden.

Werkstoff: St. C. 45.61, v_{max} angenommen $= 30$ m/min; daraus ergibt sich die Drehzahl der Arbeitsspindel

$$n_{sp} = \frac{1000\,v}{D\,\pi} = 156 \text{ Umdr/min.}$$

Laut Wechselrädertabelle wird die nächstliegende Spindeldrehzahl $n_{sp} = 150$ Umdr/min gewählt.

Als größter Arbeitsweg ergibt sich für das Beispiel die Bohrtiefe der kleinen Bohrung mit 37 mm plus Zugabe von 1 mm als AW = 38 mm.

Durch die Konstruktion der Maschine ist festgelegt, daß sich der Arbeitsweg der Kurve über 138° des Trommelumfanges erstreckt.

Vorschub s gewählt $= 0{,}1$ mm/Umdr, reine Laufzeit für 38 mm Weg $= \frac{38}{0{,}1 \cdot 150} = 2{,}54$ min $= 143$ s.

Aus der Wechselradtabelle wird die nächstliegende Arbeitszeit entnommen:

142 s einschl. 2,2 s Schnellgangzeit.

Die sich daraus ergebende Erhöhung des Vorschubes ist geringfügig.

Arbeitsfolge

Spindel	Hauptschlitten	Querschlitten
1	Große Bohrung erste Hälfte bohren, Schaft erste Hälfte überdrehen mit Rollendrehwerkzeug.	Kegel- und Abstichseite formen mit Rundformstahl.
2	Große Bohrung zweite Hälfte bohren und Schaft zweite Hälfte überdrehen mit Rollendrehwerkzeug, Länge begrenzen und Kante runden.	Ansatz am Kegel nachformen.
3	Kleine Bohrung bohren, Bohrung ausschrägen und Schaft-Vorderteil überdrehen.	Drehen der Aussparung am Schaft mit Langdrehschlitten.
4	Nachsenken der Bohrung mit Werkzeug in unabhängiger Vorschubeinrichtung (Kurve verkürzt.)	Abstechen.

Abb. 102. Arbeitsplan für Spannzange nach Abb. 101.
Werkzeugeinstellplan für Spannzange nach Abb. 101 auf Vierspindel Stangen-Automat. Werkstoff: St. C. 45.61. Spindeldrehzahl 150 U/min. Schnittgeschw. 29 m/min. Arbeitsweg d. Hauptschlittens 38 mm, Vorschub d. Hauptschlittens 0,11 mm/Umdr. Stückzeit: 142 sek.

Prüfung des Vorschubes für das Langdrehen.

Langdrehen = 42 mm Arbeitsweg, unabhängig gesteuert.

Die Vorschubkurve erhält 0 mm Weg auf 18° des Trommelumfanges und 42 mm Weg auf 120° des Trommelumfanges.

Auf 138° fallen bei 140 s = 350 Spindelumläufe,

auf 120° fallen bei 140 s $\dfrac{350 \cdot 120}{138}$ = 304 Spindelumläufe,

Langdrehvorschub $s_1 = \dfrac{42}{304} = 0{,}14$ mm/Umdr.

Die zugehörige Querschlittenkurve erhält entsprechend

1,8 mm Arbeitsweg auf 18° (zum Einstechen)
0 mm   ,,   ,, 120° (während des Langdrehens).

Prüfung des Vorschubes für das Nachsenken:

Der erste Teil des Nachsenkens der Bohrung kann mit größerem Vorschub erfolgen, die letzten 10 mm müssen zum Geradesenken des schrägen Bodens mit geringerem Vorschub bearbeitet werden.

Die unabhängige Vorschubkurve erhält daher 2 Steigungen, und zwar:

$AW = 50$ mm auf 50°, $AW = 10$ mm auf 35°.

Auf 50° entfallen $\dfrac{350 \cdot 50}{138} = 127$ Spindelumläufe,

daraus Vorschub $s_n = \dfrac{50}{127} = 0{,}395$ mm/Umdr.

Auf 35° entfallen $\dfrac{350 \cdot 35}{138} = 89$ Spindelumläufe,

daraus Vorschub $s_n = \dfrac{10}{89} = 0{,}11$ mm/Umdr.

Das gleichzeitige Arbeiten aller Werkzeuggruppen ermöglicht eine sehr einfache Ausbildung der Vorschubkurven. Da die Leerbewegungen der Werkzeugschlitten und die Schaltbewegung der Spindeltrommel nur einmal je Werkstück durchzuführen sind, so kann der hierfür notwendige Umfangsweg der Kurventrommel unveränderlich festgelegt werden, und zwar auf etwa 200—240° des Trommelumfanges, je nach Größe der Maschine. Dieser Teil des Umfanges wird stets beschleunigt im Schnellgang zurückgelegt. Der Rest des Trommelumfanges ist für die eigentlichen Arbeitswege vorgesehen und wird im langsamen Arbeitsgang durchlaufen. Diese Arbeitsgeschwindigkeit wird der Laufzeit des Werkstückes entsprechend durch Wechselräder gestuft eingestellt und durch Schaltnocken gesteuert.

Abb. 103 zeigt die Abwicklung der Kurventrommeln eines Sechsspindel-Automaten, schematisch dargestellt und untereinander angeordnet. Die Vorschubkurven für die Werkzeugschlitten schieben diese beim Arbeiten im allgemeinen bis zu ihrer vordersten Stellung zur Spindel vor. Der „Höchste Punkt" jeder Kurve bleibt daher, abgesehen von Ausnahmen, immer in der gleichen Ebene liegen. Je nach dem Arbeitsweg des Schlittens liegt der Anfangspunkt in dessen Bewegungsebene mehr oder weniger weit zurück. Die Rückzugkurve kann daher unveränderlich gestaltet werden und braucht bei den verschiedenen Arbeitsmustern nicht ausgewechselt zu werden. Die Arbeitskurve erhält als Steigung stets die Verbindungslinie zwischen dem Anfangspunkt und dem Endpunkt der Kurve.

In besonderen Fällen wird von dieser Regel bei Kurven für Querschlitten abgewichen. Z. B. wird die Kurve für den Abstechschlitten kürzer gehalten, wenn in der Abstechlage vorher noch ein kurzer Arbeitsgang wie Gewindeschneiden oder

Reiben zu erledigen ist: Auch kann es notwendig werden, daß eine Querschlittenkurve mehrere Strecken verschiedener Steigungen erhält, um die Vorschübe allmählich zu verkleinern (Gewindestrählen) oder auch steigungslose Strecken aufweisen muß, z. B. wenn ein Langdrehschlitten zylindrisch drehen muß. Auf solche Fälle ist bei den Arbeitsbeispielen in Abb. 105 bis 132 hingewiesen.

Die einzelnen Arbeitswege der Kurven werden aus der Zeichnung des Werkstückes im Arbeitsplan ermittelt und erhalten eine kleine Zugabe zur Sicherung, damit das Schneidwerkzeug nicht im Schnellgang das Werkstück berührt. Diese Zugabe bewegt sich etwa in folgenden Größen:

Für Querschlitten 0,5—1 mm,
für den Hauptschlitten 1,5—2 mm.

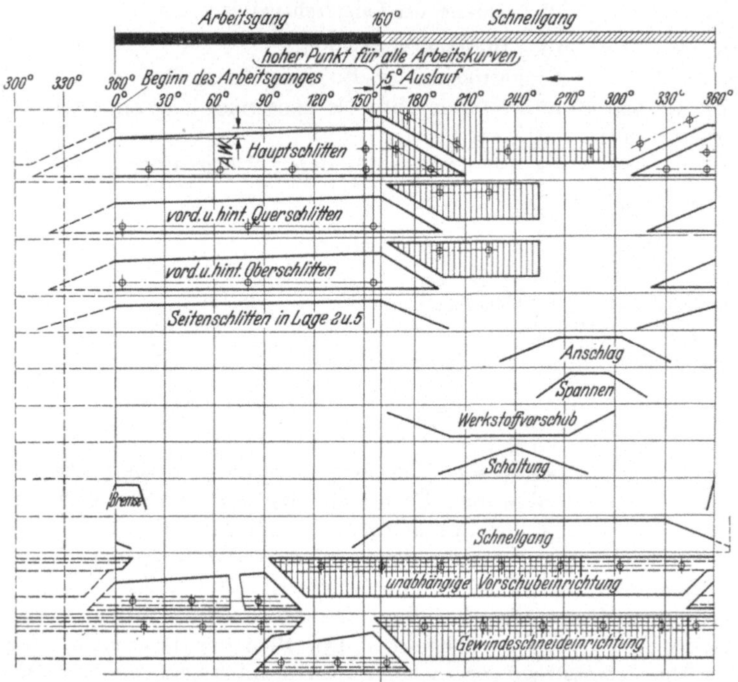

Abb. 103. Abwicklung der Kurventrommeln, schematisch dargestellt. Die schraffierten Kurvenstücke sind unveränderlich und brauchen nicht ausgewechselt zu werden.

Dabei ist noch die besondere Beschaffenheit des Rohlings zu berücksichtigen, besonders bei rohen Schmiedestücken, die manchmal noch größere Zugaben bedingen.

Die Kurvenstücke für den schnellen Anlauf der Schlitten im Leerweg von der hintersten Stellung müssen entsprechend dem Arbeitshub ermittelt und angefertigt werden, da der betr. Werkzeugschlitten jedesmal aus seiner hintersten Stellung bis zum Beginn des Arbeitsweges gehoben werden muß. Für diese Anlaufkurven sowie für die unveränderlichen Rückzugkurven sind Gegenkurven notwendig, damit beim Einrichten auch beim Zurückdrehen der Kurventrommel die Schlitten folgen.

Die Kurven für den Anschlag der Werkstoffstange, für das Spannen, für die Spindeltrommelschaltung, für die Bremse und für die Schnellgangschaltung bleiben unverändert für alle Werkstücke auf der Kurventrommel. Nur bei Verwendung der Maschine als Magazinautomat wird teilweise ihre Stellung auf der Kurventrommel versetzt.

Die Werkstoffvorschubkurve muß ebenfalls der jeweiligen Teillänge angepaßt werden, damit der Verlust an Stangenresten so gering wie möglich gehalten wird. Bei einigen Bauarten ist die Vorschubkurve verstellbar ausgebildet, so daß keine Neuanfertigung notwendig ist.

Die Kurven für die unabhängig gesteuerten Zusatzeinrichtungen sind auf einer besonderen Kurventrommel angeordnet und müssen ebenfalls für den Anlauf- und Arbeitsweg dem Arbeitsstück entsprechend ausgebildet werden. Für diese Zusatzeinrichtungen liegt der hohe Punkt der Arbeitskurve in besonderen Fällen

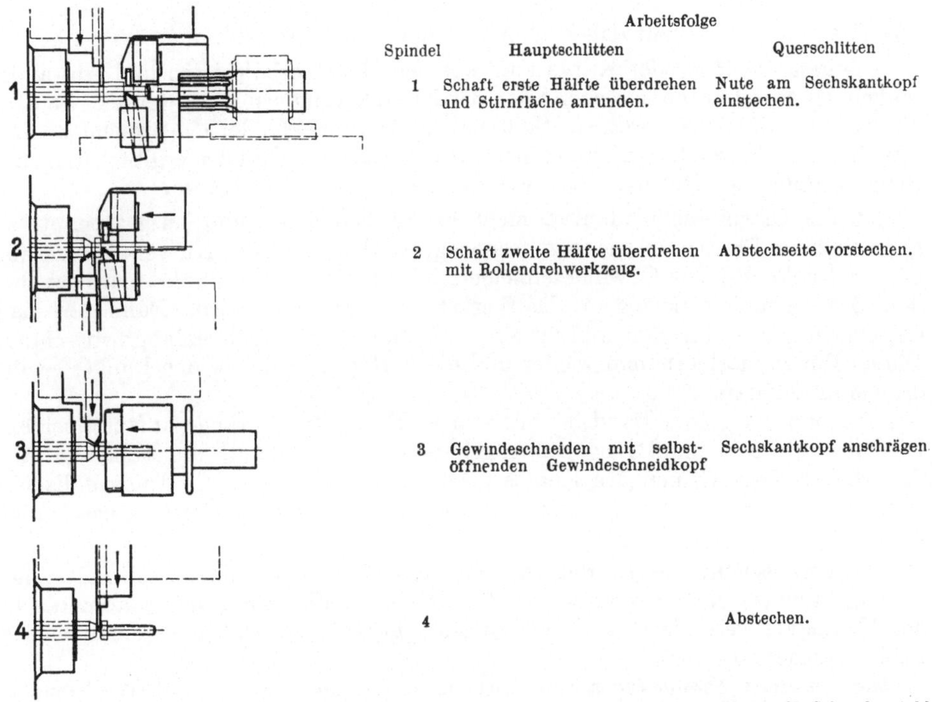

Abb. 104. Werkzeugeinstellplan für Sechskantschraube auf Vierspindel Stangen-Automat. Werkstoff: Schraubenstahl. Spindeldrehzahl 670 U/min. Schnittgeschw. 41 m/min. Arbeitsweg d. Hauptschlittens 27 mm. Vorschub d. Hauptschlittens 0,1 mm/Umdr. Stückzeit: 24 sek.

schon vor der Beendigung der Arbeit des Hauptschlittens und zwar, wenn vor dem Abstechen ein Arbeitsvorgang erledigt sein muß, wie z. B. beim Gewindeschneiden und Reiben.

30. Gewindeschneidkurve. Die Berechnung der Gewindeschneidkurve soll für eine Schraube M 10 × 50 DIN 933 entsprechend Beispiel Abb. 104 gezeigt werden.

Werkstoff Schraubenstahl 38—45 kg/mm², Drehzahl der Arbeitsspindel gewählt = 670 Umdr/min, Herstellungszeit für ein Werkstück ohne Schnellgangzeit = 26 s, entsprechend 291 Spindelumdrehungen.

Die Gewindelänge der Schraube beträgt 50 mm, die in die Rechnung einzusetzende Gewindelänge ist einschl. Zugabe 52 mm.

Die Gewindesteigung ist 1,5 mm.

Aufzuschneiden sind also $\dfrac{52}{1,5} = 34,7$ Gang.

Das Gewinde wird mit Nacheilung aufgeschnitten, und zwar laut Betriebsanleitung mit einem Übersetzungsverhältnis 1:6,8.

Zum Gewindeschneiden werden also

$$34,7 \cdot 6,8 = 235,9 \approx 236 \ \text{Umdrehungen}$$

der Arbeitsspindel verbraucht.

Für die gesamte Herstellungszeit des Arbeitsstückes stehen 291 Spindelumdrehungen zur Verfügung. Der Kurvenweg ist hierfür 125°.

Auf 236 Umdrehungen entfallen daher:

$$\frac{125 \cdot 236}{291} = 101° \, 20' \, .$$

Die Gewindekurve erhält daher 52 mm Steigung auf 101° 20′.

Die gesamte Höhe der Kurve muß aus den Hebelverhältnissen und Abstandsmaßen der Maschine entsprechend der Betriebsanleitung ermittelt werden. Zu dem Einstellplan wird die vorderste Stellung der Gewindespindel eingezeichnet. Der Weg bis zur hintersten Stellung bei zurückgezogener Spindel ergibt unter Berücksichtigung des Hebelverhältnisses die Gesamthöhe der Kurve.

Ist die Gewindeschneidkurve nicht genau berechnet und ausgearbeitet, so kann sie beim Einrichten wie folgt festgelegt werden: Auf der Kurventrommel für den Andrückhebel zur Gewindeschneideinrichtung wird der Punkt markiert, bei dem das Gewindewerkzeug an das Werkstück angedrückt wird. Dann läßt man das Gewinde aufschneiden und öffnet am Endpunkt den Schneidkopf von Hand. Diesen Punkt markiert man wieder und die Verbindung der beiden Punkte ergibt die Gewindekurve.

Gewinde vor einem Bund ist mit starrer Feder im Gestänge aufzuschneiden. Die Gewindekurve muß lang genug gehalten werden, damit die Rolle des Andrückhebels beim Öffnen des Kopfes noch auf der Kurve sitzt. Andernfalls besteht die Gefahr, daß der Hebel zu früh zurückfedert und das Gewinde beschädigt wird.

31. Hinweise für das Einrichten der Automaten. Nachstehend soll auf einige wichtige Punkte hingewiesen werden, welche beim Einrichten der Automaten in der Werkstatt besonders zu beachten sind, da hierbei erfahrungsgemäß häufig Fehler gemacht werden.

Die *einzelnen Spindellagen* sind fortschreitend *nacheinander* mit Werkzeugen zu besetzen.

Bei *jeder einzelnen* Spindellage muß nach dem Einstellen der zugehörigen Werkzeuge erst die Maschine *von Hand durchgedreht* werden, und zwar wird zunächst bei *zurückgenommenen Anschlägen* auf den hohen Punkt der Kurve gedreht. Das *Arbeitsstück* muß dabei 0,2 bis 0,3 mm *schwächer* gedreht werden. *Erst dann* ist der betreffende *Anschlag so anzustellen*, daß das *richtige Maß* entsteht. Die *Anschläge in der Spindeltrommel* für die Querschlitten sind *dabei nicht zu verstellen*, sondern beim Umrichten sollen *nur die dafür bestimmten Anschlagschrauben* auf den Schlitten benutzt werden.

Die *Vorschubkurven* für die einzelnen Schlitten müssen *richtig hinten am Rand der Kurventrommel anliegen*, damit sie nicht später unter Spandruck ausweichen können.

Die *Spannpatronen sind richtig fest* in das Spannrohr einzuschrauben. Die *Härte der Spannung* ist *bei jeder einzelnen Spindel* zu prüfen und einzustellen. *Im Anfang* zunächst *nur eine Spindel* alle Lagen durchlaufen lassen, und zwar *ohne Spannkurve und* bei herausgenommener *Vorschubfeder*.

Die Rückbewegung der Vorschubpatrone darf nicht schon im Arbeitsgang der Kurventrommel beginnen, da sonst Unruhe in die Spindel kommt, besonders bei größeren Maschinen.

Die *Spannzange soll bereits kurz vor dem Abfall der Vorschubkurve öffnen*, damit die Masse der vorschiebenden Werkstoffstange weich abgefangen wird. Öffnet die Spannzange zu spät, so schlägt die Rolle des Vorschubschiebers hart gegen die vorgeeilte Abfallschräge der Vorschubkurve und der Werkstoff kann durch die Vorschubzange rutschen. *Das Öffnen der Spannzange darf auch nicht zu früh erfolgen*, da sonst Gefahr besteht, daß der Werkstoff nicht auf ganze Länge vorgeschoben wird, und die Spannzange zu früh wieder schließt.

IX. Arbeitspläne für verschiedene Werkstücke.

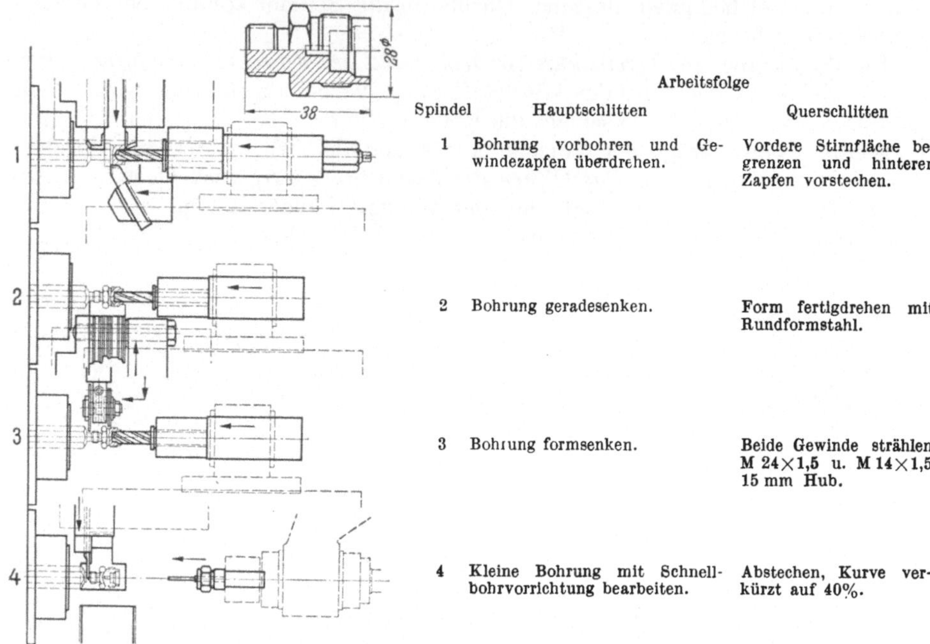

Arbeitsfolge

Spindel	Hauptschlitten	Querschlitten
1	Bohrung vorbohren und Gewindezapfen überdrehen.	Vordere Stirnfläche begrenzen und hinteren Zapfen vorstechen.
2	Bohrung geradesenken.	Form fertigdrehen mit Rundformstahl.
3	Bohrung formsenken.	Beide Gewinde strählen M 24×1,5 u. M 14×1,5 15 mm Hub.
4	Kleine Bohrung mit Schnellbohrvorrichtung bearbeiten.	Abstechen, Kurve verkürzt auf 40%.

Abb. 105. Schraubhülse auf Vierspindel-Stangen-Automat. Werkstoff: St. 70.11. Spindeldrehzahl 335 U/min. Schnittgeschw. 29 m/min. Arbeitsweg d. Hauptschlittens 20 mm. Vorschub d. Hauptschlittens 0,04 mm/Umdr. Stückz.: 100 sek.

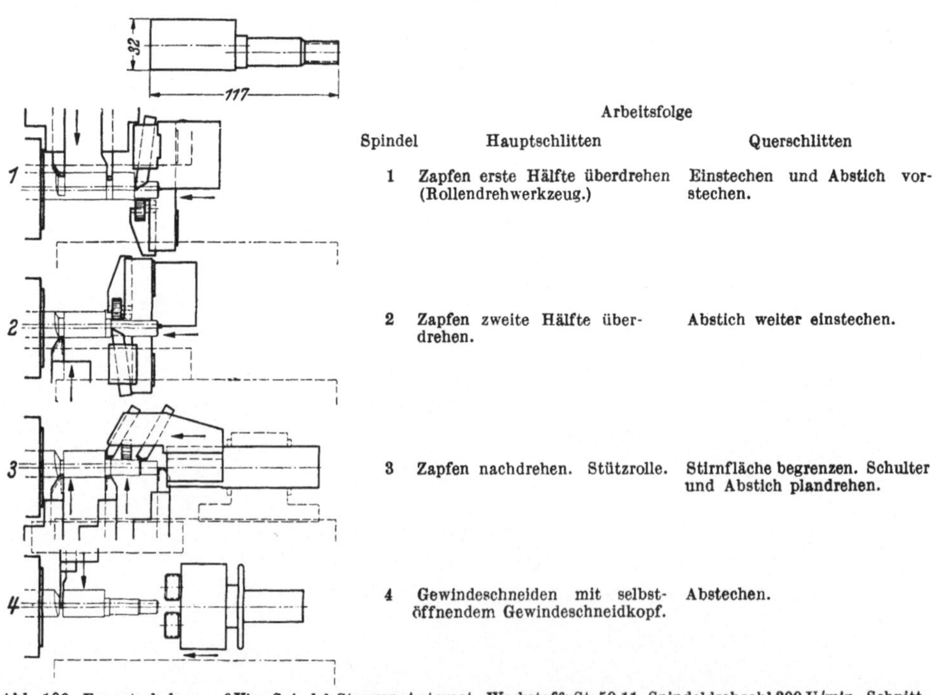

Arbeitsfolge

Spindel	Hauptschlitten	Querschlitten
1	Zapfen erste Hälfte überdrehen (Rollendrehwerkzeug.)	Einstechen und Abstich vorstechen.
2	Zapfen zweite Hälfte überdrehen.	Abstich weiter einstechen.
3	Zapfen nachdrehen. Stützrolle.	Stirnfläche begrenzen. Schulter und Abstich plandrehen.
4	Gewindeschneiden mit selbstöffnendem Gewindeschneidkopf.	Abstechen.

Abb. 106. Exzenterbolzen auf Vier-Spindel-Stangen-Automat. Werkstoff: St. 50.11. Spindeldrehzahl 300 U/min. Schnittgeschw. 39 m/min. Arbeitsweg d. Hauptschlittens 30 mm, Vorschub d. Hauptschlittens 0,08 mm/Umdr. Stückzeit: 83 sek.

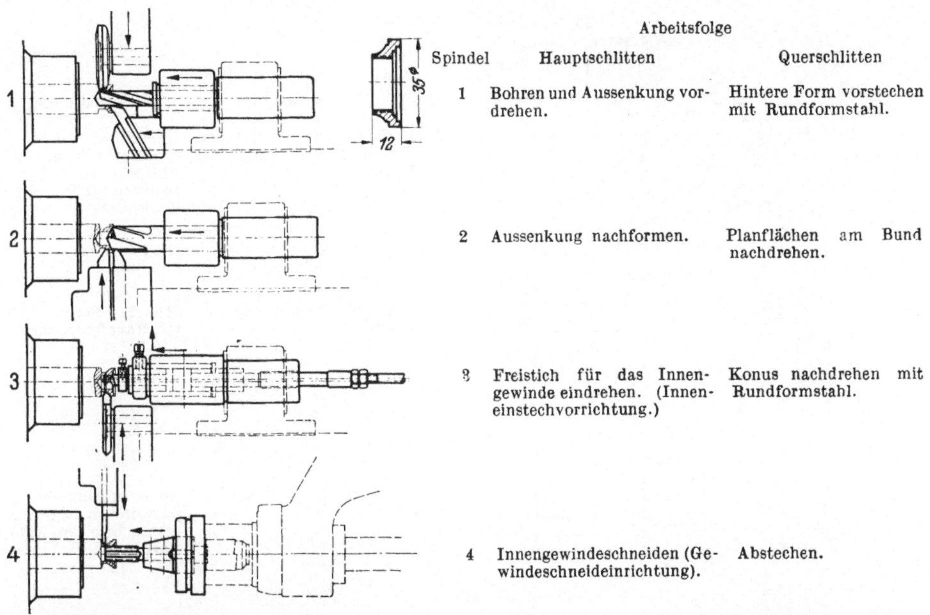

Arbeitsfolge		
Spindel	Hauptschlitten	Querschlitten
1	Bohren und Aussenkung vordrehen.	Hintere Form vorstechen mit Rundformstahl.
2	Aussenkung nachformen.	Planflächen am Bund nachdrehen.
3	Freistich für das Innengewinde eindrehen. (Inneneinstechvorrichtung.)	Konus nachdrehen mit Rundformstahl.
4	Innengewindeschneiden (Gewindeschneideinrichtung).	Abstechen.

Abb. 107. Tretlagerkonus auf Vierspindel-Stangen-Automat. Werkstoff: St. C. 16.61. Spindeldrehzahl 300 U/min. Schnittgeschw. 32,5 m/min. Arbeitsweg d. Hauptschlittens 18 mm, Vorschub d. Hauptschlittens 0,1 mm/Umdr. Stückzeit: 32 sek.

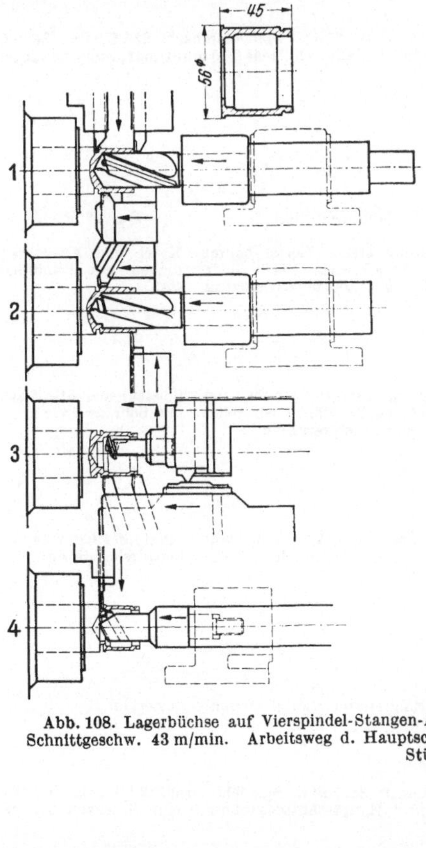

Arbeitsfolge		
Spindel	Hauptschlitten	Querschlitten
1	Bohrung vorbohren und Außendurchmesser überdrehen.	Stirnfläche begrenzen, Abstich vorstechen.
2	Bohrung nachsenken, Bunddurchmesser überdrehen.	Äußere Ringnute einstechen.
3	Aussparung in der Bohrung ausdrehen (Kopierdrehwerkzeug auf dem Hauptschlitten gesteuert durch Leit-Lineal auf dem Querschlitten).	Fertigdrehen der Außendurchmesser durch Langdrehschlitten, unabhängig gesteuert.
4	Fertigdrehen der Bohrungen durch Werkzeug in unabhängiger Vorschubeinrichtung. (Kurve verkürzt).	Abstechen Querschlitten-Kurve verkürzt.

Abb. 108. Lagerbüchse auf Vierspindel-Stangen-Automat. Werkstoff: St. 34.11. Spindeldrehzahl 235 U/min. Schnittgeschw. 43 m/min. Arbeitsweg d. Hauptschlittens 44 mm, Vorschub d. Hauptschlittens 0,13 mm/Umdr. Stückzeit: 87 sek.

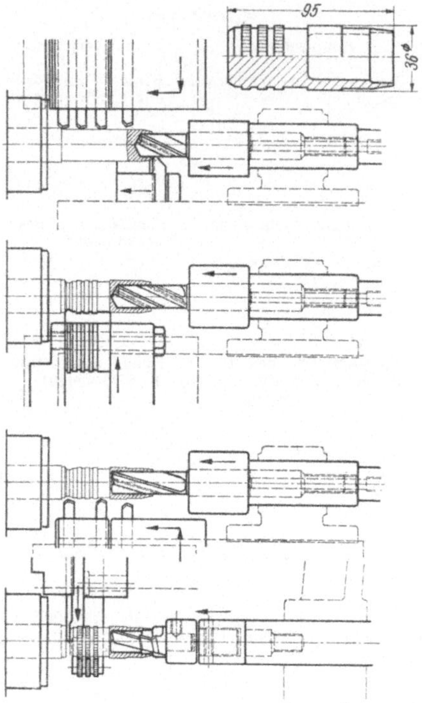

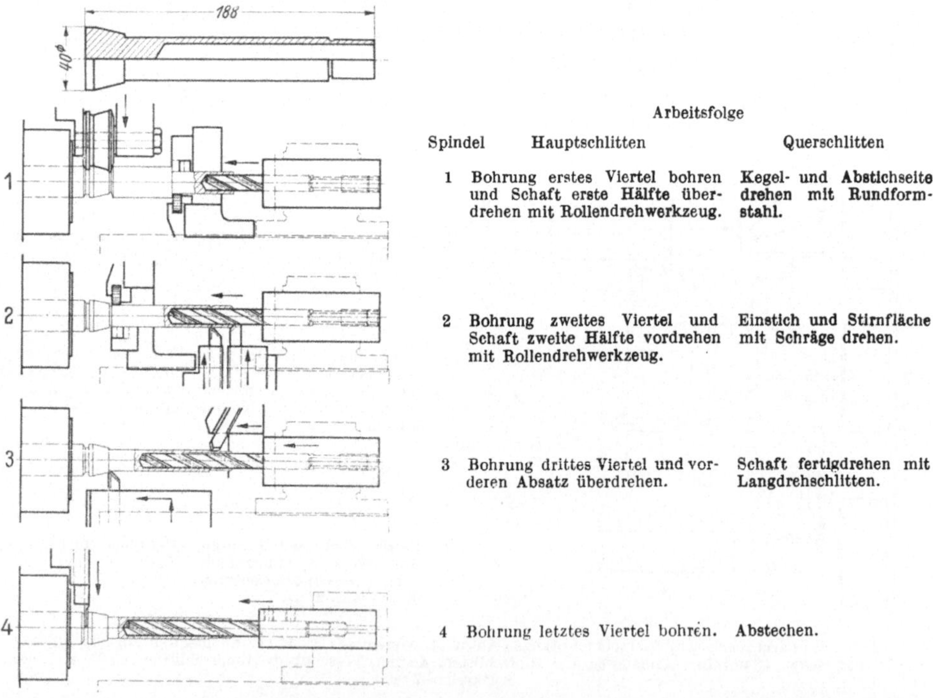

<table>
<tr><td colspan="3" align="center">Arbeitsfolge</td></tr>
<tr><td>Spindel</td><td>Hauptschlitten</td><td>Querschlitten</td></tr>
<tr><td>1</td><td>Erste Hälfte der Bohrung vorbohren und Stirnfläche begrenzen.</td><td>Außendurchmesser und vorderen Kegel überdrehen durch Langdrehschlitten mit Kopiereinrichtung.</td></tr>
<tr><td>2</td><td>Zweite Hälfte Bohrung vorbohren.</td><td>Hintere Form drehen mit Rundformstahl.</td></tr>
<tr><td>3</td><td>Grund der Bohrung geradesenken.</td><td>Außendurchmesser fertigdrehen durch Langdrehschlitten mit Kopiereinrichtung.</td></tr>
<tr><td>4</td><td>Bohrung fertigsenken mit Werkzeug in unabhängiger Vorschubeinrichtung (Kurve verkürzt).</td><td>Rändeln und Abstechen.</td></tr>
</table>

Abb. 109. Griffhülse auf Vierspindel Stangen-Automat. Werkstoff: St. 60.11. Spindeldrehzahl 285 U/min. Schnittgeschw. 26 m/min. Arbeitsweg des Hauptschlittens 36 mm, Vorschub d. Hauptschlittens 0,08 mm/Umdr. Stückz.: 116 sek.

<table>
<tr><td colspan="3" align="center">Arbeitsfolge</td></tr>
<tr><td>Spindel</td><td>Hauptschlitten</td><td>Querschlitten</td></tr>
<tr><td>1</td><td>Bohrung erstes Viertel bohren und Schaft erste Hälfte überdrehen mit Rollendrehwerkzeug.</td><td>Kegel- und Abstichseite drehen mit Rundformstahl.</td></tr>
<tr><td>2</td><td>Bohrung zweites Viertel und Schaft zweite Hälfte vordrehen mit Rollendrehwerkzeug.</td><td>Einstich und Stirnfläche mit Schräge drehen.</td></tr>
<tr><td>3</td><td>Bohrung drittes Viertel und vorderen Absatz überdrehen.</td><td>Schaft fertigdrehen mit Langdrehschlitten.</td></tr>
<tr><td>4</td><td>Bohrung letztes Viertel bohren.</td><td>Abstechen.</td></tr>
</table>

Abb. 110. Spannzange auf Vierspindel Stangen-Automat. Werkstoff: St. 70.11. Spindeldrehzahl 235 U/min. Schnittgeschw. 30 m/min. Arbeitsweg d. Hauptschlittens 81 mm, Vorschub d. Hauptschlittens 0,1 mm/Umdr. Stückzeit: 220 sek.

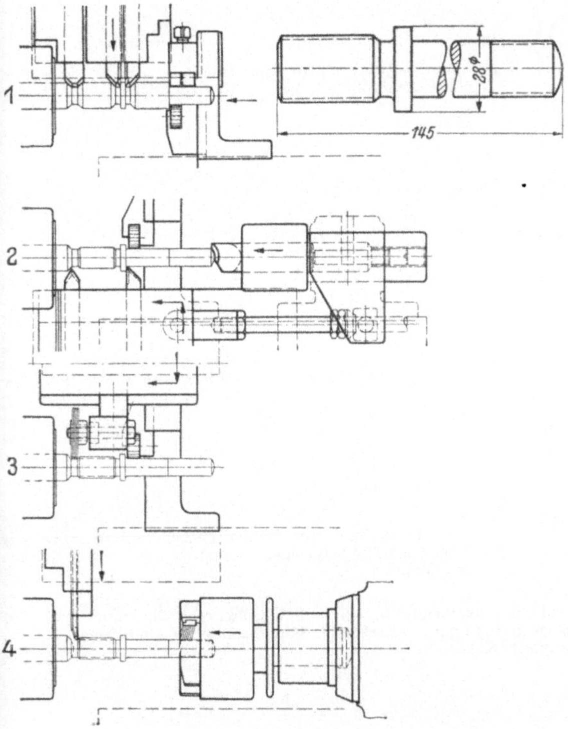

Arbeitsfolge

Spindel	Hauptschlitten	Querschlitten
1	Schaft erste Hälfte drehen mit Rollenwerkzeug. Schaft zweite Hälfte überdrehen.	Drei Einstiche eindrehen. Vordere und hintere Schaftteile.
2	mit Rollendrehwerkzeug, Stirnfläche anrunden.	überdrehen mit Langdrehschlitten, gesteuert vom Hauptschlitten.
3	Stützen des Werkstückes d. Rollengegenführung.	Gewinde $^7/_8''$ strählen, $v = 33$ m/min. Strähllänge 45 mm 26 Durchgänge.
4	Vorderes Gewinde schneiden mit selbstöffnendem Gewindeschneidkopf.	Abstechen.

Abb. 111. Stiftschraube auf Vierspindel Stangen Automat. Werkstoff: St. 60.11. Spindeldrehzahl 475 U/min. Schnittgeschw. 42 m/min. Arbeitsweg d. Hauptschlittens 47 mm, Vorschub d. Hauptschlittens 0,07 mm/Umdr. Stückzeit: 81 sek.

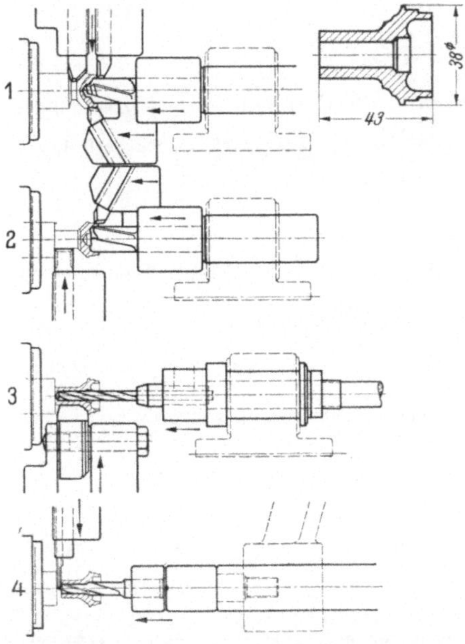

Arbeitsfolge

Spindel	Hauptschlitten	Querschlitten
1	Bohrung vorbohren und vorderen Ansatz überdrehen.	Stirnfläche begrenzen und Kegel vorstechen.
2	Große Bohrung formsenken und vorderen Ansatz überdrehen.	Hinteren Schaft vorstechen.
3	Kleine Bohrung vorbohren mit Schnellbohreinrichtung.	Schaft und Kegelform nachdrehen durch Rundformstahl.
4	Bohrung nachsenken mit Werkzeug in unabhängiger Vorschubeinrichtung (Kurve verkürzt).	Abstechen.

Abb. 112. Gewindekopf auf Vierspindel Stangen-Automat. Werkstoff: St. C. 16.61. Spindeldrehzahl 300 U/min. Schnittgeschw. 36 m/min. Arbeitsweg d. Hauptschlittens 32 mm, Vorschub d. Hauptschlittens 0,14 mm/Umdr. Stückzeit: 56 sek.

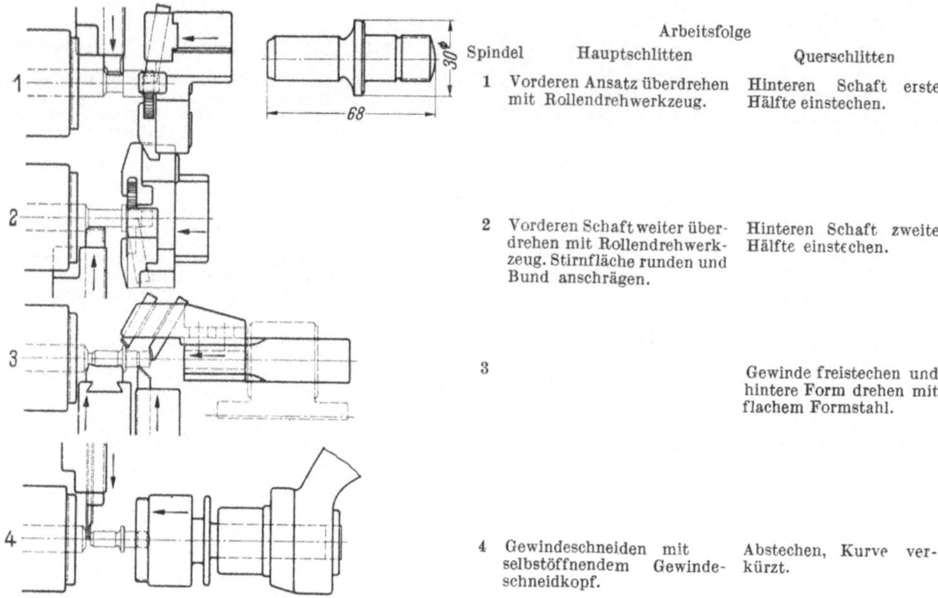

Spindel	Hauptschlitten	Querschlitten
1	Vorderen Ansatz überdrehen mit Rollendrehwerkzeug.	Hinteren Schaft erste Hälfte einstechen.
2	Vorderen Schaft weiter überdrehen mit Rollendrehwerkzeug. Stirnfläche runden und Bund anschrägen.	Hinteren Schaft zweite Hälfte einstechen.
3		Gewinde freistechen und hintere Form drehen mit flachem Formstahl.
4	Gewindeschneiden mit selbstöffnendem Gewindeschneidkopf.	Abstechen, Kurve verkürzt.

Abb. 113. Bundbolzen auf Vierspindel-Stangen-Automat. Werkstoff: St. 50.11. Spindeldrehzahl 335 U/min. Schnittgeschw. 31,5 m/min. Arbeitsweg d. Hauptschlittens 19 mm, Vorschub d. Hauptschlittens 0,1 mm/Umdr. Stückzeit: 32 sek.

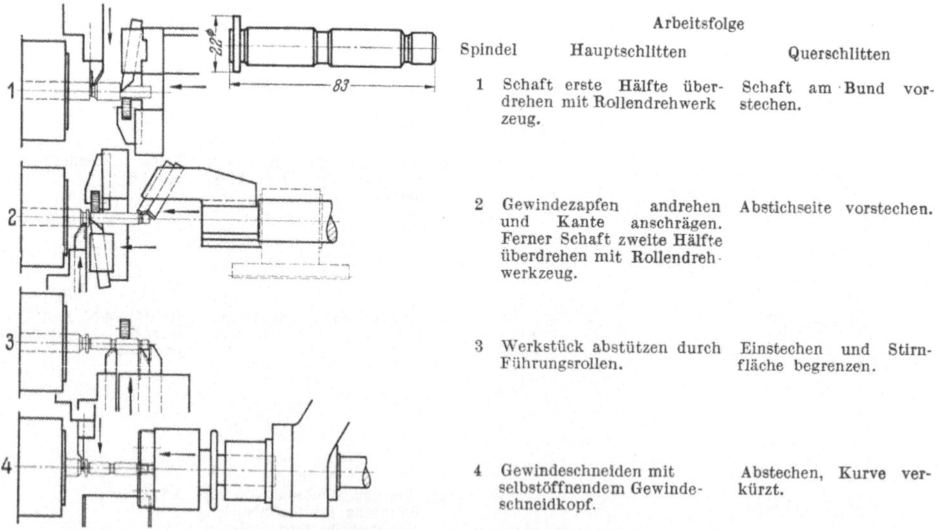

Spindel	Hauptschlitten	Querschlitten
1	Schaft erste Hälfte überdrehen mit Rollendrehwerkzeug.	Schaft am Bund vorstechen.
2	Gewindezapfen andrehen und Kante anschrägen. Ferner Schaft zweite Hälfte überdrehen mit Rollendrehwerkzeug.	Abstichseite vorstechen.
3	Werkstück abstützen durch Führungsrollen.	Einstechen und Stirnfläche begrenzen.
4	Gewindeschneiden mit selbstöffnendem Gewindeschneidkopf.	Abstechen, Kurve verkürzt.

Abb. 114. Federbolzen auf Vierspindel-Stangen-Automat. Werkstoff: St. C. 45.61. Spindeldrehzahl 475 U/min. Schnittgeschw. 33 m/min. Arbeitsweg d. Hauptschlittens 40 mm, Vorschub d. Hauptschlittens 0,14 mm/Umdr. Stückzeit: 36 sek.

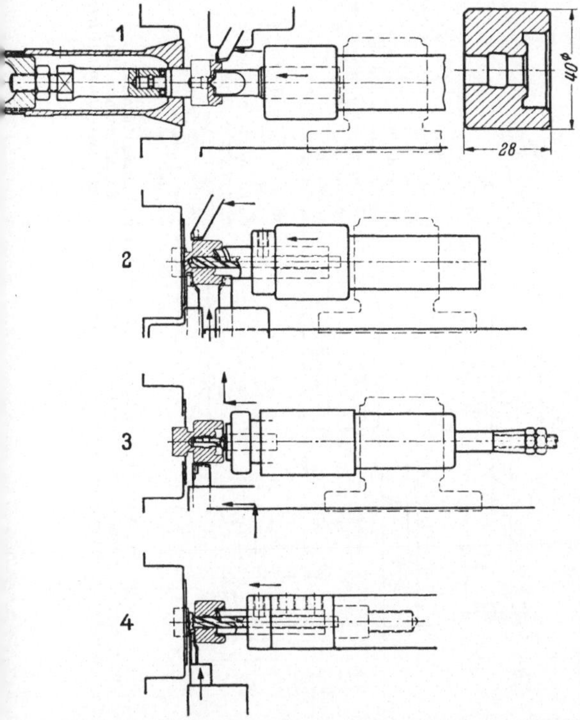

Arbeitsfolge

Spindel	Hauptschlitten	Querschlitten
1	Große Bohrung vorbohren. Außendurchmesser andrehen.	Das Teil wird in der Schnellgangszeit durch selbsttätige Ladeeinrichtung zugeführt.
2	Große Bohrung nachsenken, kleine Bohrung vorbohren und Außendurchmesser überdrehen.	Vordere und hintere Planfläche drehen und anschrägen.
3	Aussparungen in der kleinen Bohrung eindrehen, durch Inneneinstechvorrichtung.	Außendurchmesser fertigdrehen, durch Langdrehschlitten unabhängig vorgeschoben, 28,5 mm AW.
4	Kleine Bohrung nachsenken und innere Stirnfläche drehen, durch Werkzeug in unabhängiger Vorschubeinrichtung, Kurve verkürzt.	Abstechen.

Abb. 115. Kurvenwalze auf Vierspindel-Stangen-Automat. Werkstoff: GG. Spindeldrehzahl 335 U/min. Schnittgeschw. 45 m/min. Arbeitsweg d. Hauptschlittens 25 mm, Vorschub d. Hauptschlittens 0,12 mm/Umdr. Stückzeit: 45 sek.

Arbeitsfolge

Spindel	Hauptschlitten	Querschlitten
1	Große Bohrung bohren.	Kugelform vordrehen mit Rundformstahl.
2	Bohrung ansenken mit Werkzeug in unabhängiger Vorschubeinrichtung, Kurve verkürzt.	Querloch bohren mit Querbohreinrichtung bei stillgesetzter Arbeitsspindel.
3	Kleines Loch bohren mit Schnellbohrvorrichtung.	Fertigbohren der Kugelfläche mit Rundformstahl.
4		Abstechen.

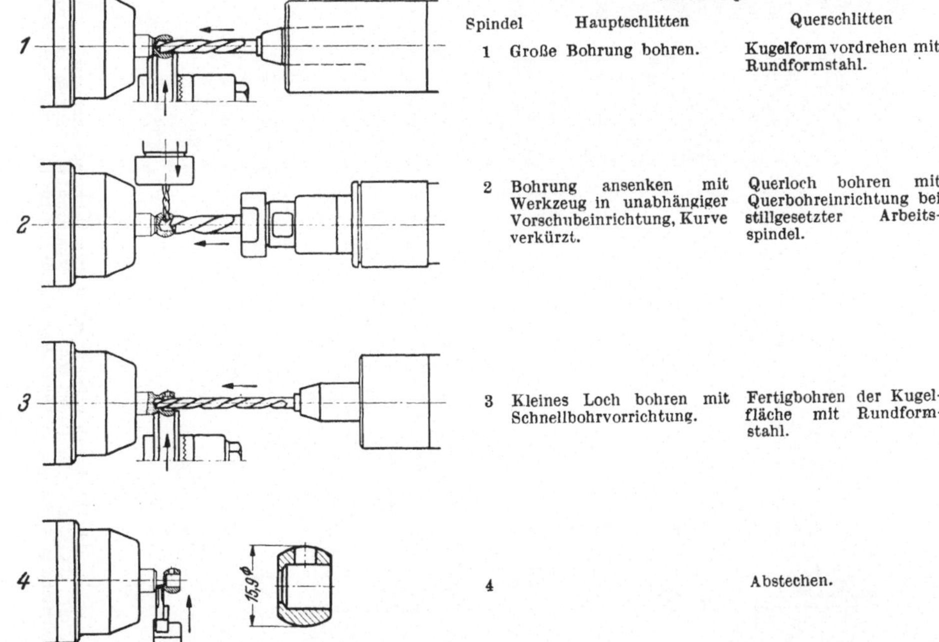

Abb. 116. Rohrkopf auf Vierspindel Stangen-Automat. Werkstoff: St. Az. Spindeldrehzahl 1260 U/min. Schnittgeschw. 63 m/min. Arbeitsweg d. Hauptschlittens 12 mm, Vorschub d. Hauptschlittens 0,11 mm/Umdr. Stückzeit: 6,5 sek.

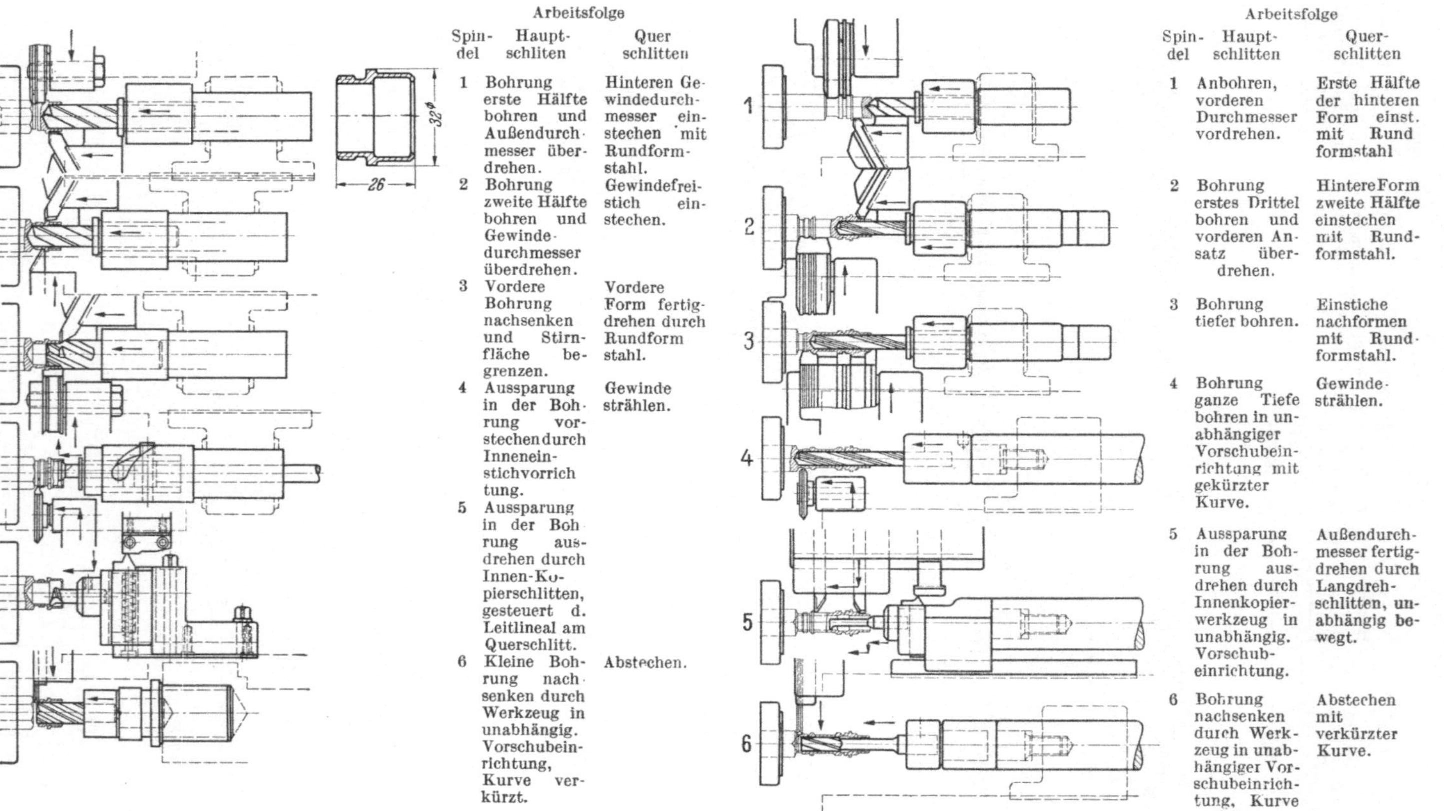

Abb. 117

Arbeitsfolge

Spindel	Hauptschlitten	Querschlitten
1	Bohrung erste Hälfte bohren und Außendurchmesser überdrehen.	Hinteren Gewindedurchmesser einstechen mit Rundformstahl.
2	Bohrung zweite Hälfte bohren und Gewindedurchmesser überdrehen.	Gewindefreistich einstechen.
3	Vordere Bohrung nachsenken und Stirnfläche begrenzen.	Vordere Form fertigdrehen durch Rundform stahl.
4	Aussparung in der Bohrung vorstechen durch Inneneinstichvorrichtung.	Gewinde strählen.
5	Aussparung in der Bohrung ausdrehen durch Innen-Kopierschlitten, gesteuert d. Leitlineal am Querschlitt.	
6	Kleine Bohrung nachsenken durch Werkzeug in unabhängig. Vorschubeinrichtung, Kurve verkürzt.	Abstechen.

Abb. 117. Einschraubstück auf Sechsspindel-Stangen-Automat.
Werkstoff: Al-Cu-Mg. Spindeldrehz. 600 U/min. Schnittgeschw. 65 m/min. Arbeitsweg des Hauptschlittens 16 mm, Vorschub d. Hauptschlitttens 0,09/Umdr. Stückzeit: 20,5 sek.

Abb. 118

Arbeitsfolge

Spindel	Hauptschlitten	Querschlitten
1	Anbohren, vorderen Durchmesser vordrehen.	Erste Hälfte der hinteren Form einst. mit Rund formstahl
2	Bohrung erstes Drittel bohren und vorderen Ansatz überdrehen.	Hintere Form zweite Hälfte einstechen mit Rundformstahl.
3	Bohrung tiefer bohren.	Einstiche nachformen mit Rundformstahl.
4	Bohrung ganze Tiefe bohren in unabhängiger Vorschubeinrichtung mit gekürzter Kurve.	Gewinde strählen.
5	Aussparung in der Bohrung ausdrehen durch Innenkopierwerkzeug in unabhängig. Vorschubeinrichtung.	Außendurchmesser fertigdrehen durch Langdrehschlitten, unabhängig bewegt.
6	Bohrung nachsenken durch Werkzeug in unabhängiger Vorschubeinrichtung, Kurve verkürzt.	Abstechen mit verkürzter Kurve.

Abb. 118. Ventilführungsbüchse auf Sechsspindel-Stangen-Automat.
Werkstoff: Kupferlegierung, Spindeldrehzahl 670 U/min. Schnittgeschw. 57 m/min. Arbeitsweg d. Hauptschlittens 36 mm, Vorschub d. Hauptschlittens 0,08 mm/Umdr. Stückzeit: 42 sek.

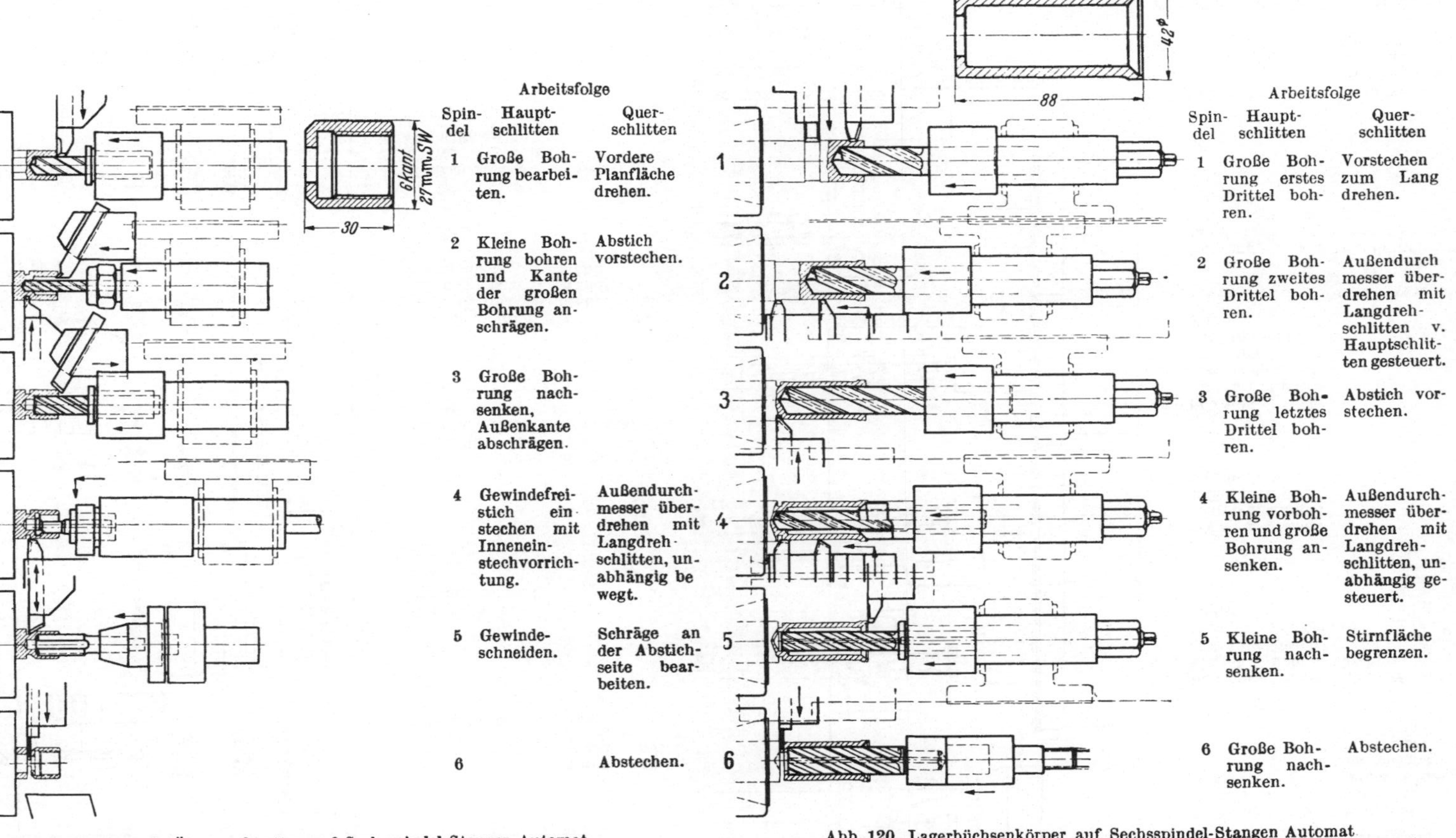

Abb. 119. Überwurfmutter auf Sechsspindel-Stangen-Automat. Werkstoff: St. 50.11. Spindeldrehzahl 375 U/min. Schnittgeschw. 36 m/min. Arbeitsweg d. Hauptschlittens 29 mm, Vorschub d. Hauptschlittens 0,12 mm/Umdr. Stückzeit: 40 sek.

Abb. 120. Lagerbüchsenkörper auf Sechsspindel-Stangen Automat. Werkstoff: St. C. 16.61. Spindeldrehzahl 335 U/min. Schnittgeschw. 44 m/min. Arbeitsweg d. Hauptschlittens 32 mm. Vorschub d. Hauptschlittens 0,09 mm/Umdr. Stückzeit: 67 sek.

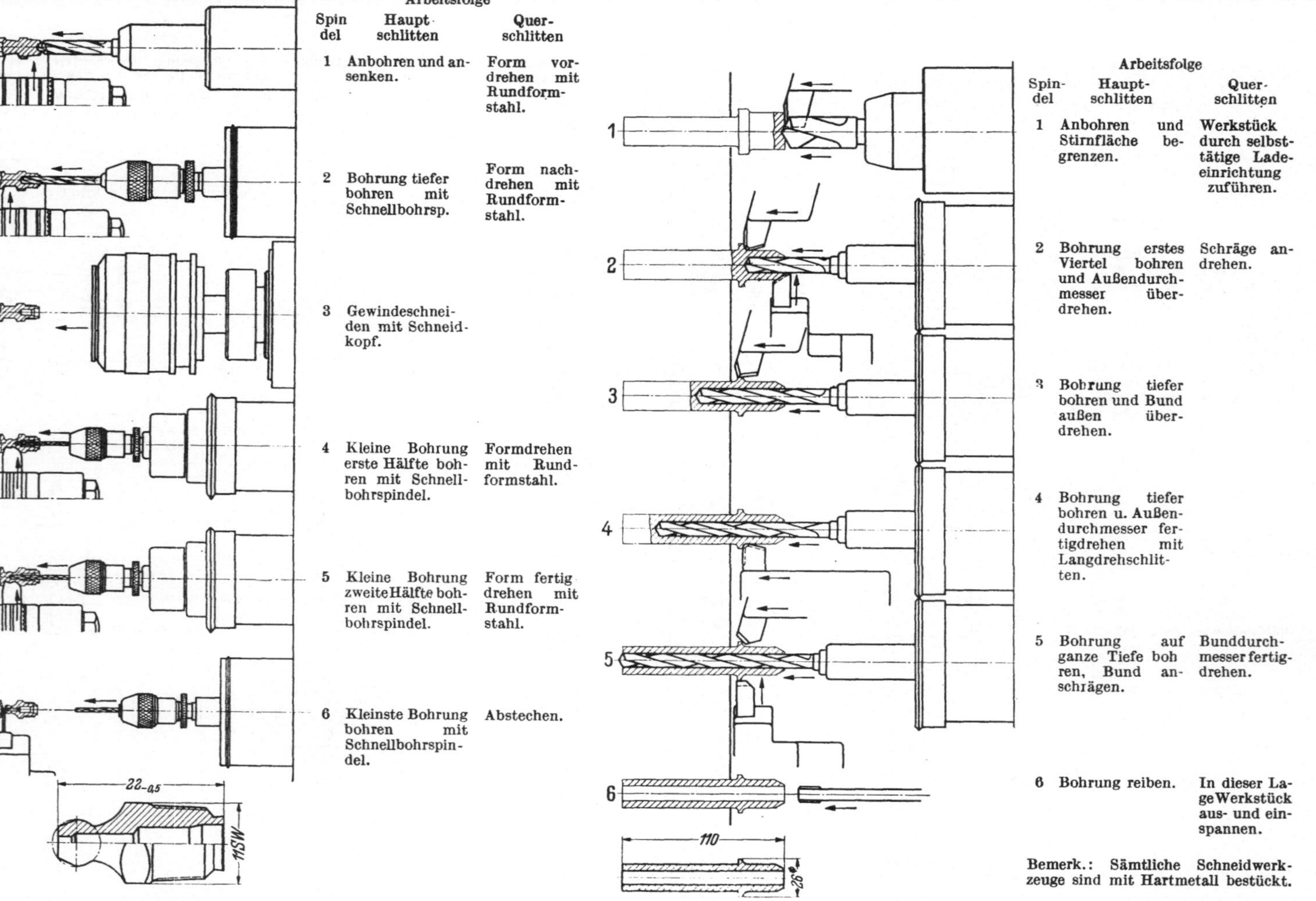

Abb. 121. Ölerkörper auf Sechsspindel-Stangen-Automat.
Werkstoff: St. Az. Spindeldrehzahl 1460 U/min. Schnittgeschw. 58 m/min. Arbeitsweg d. Hauptschlittens 12 mm, Vorschub d. Hauptschlittens 0,09 mm/Umdr. Stückz.: 3,8 sek.

Abb. 122. (Vergl. Abb. 84). Ventilführungsbüchse auf Sechsspindel-Stangen-Automat.
Werkstoff: GG. Spindeldrehzahl 600 U/min. Schnittgeschw. 50 m/min. Arbeitsweg. d. Hauptschlittens 33 mm, Vorschub d. Hauptschlittens 0,1 mm/Umdr. Stückzeit: 35 sek.

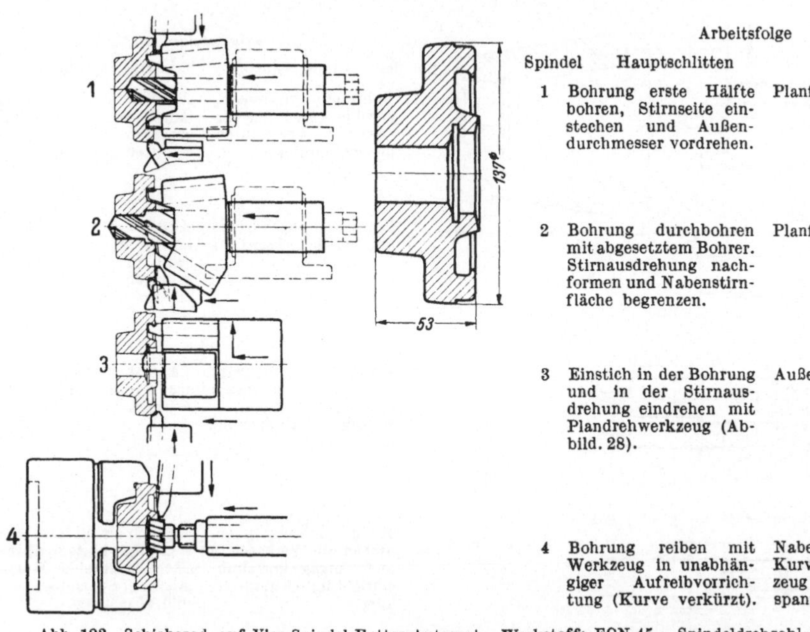

Arbeitsfolge

Spindel	Hauptschlitten	Querschlitten
1	Bohrung erste Hälfte bohren, Stirnseite einstechen und Außendurchmesser vordrehen.	Planfläche vordrehen.
2	Bohrung durchbohren mit abgesetztem Bohrer. Stirnausdrehung nachformen und Nabenstirnfläche begrenzen.	Planfläche schlichten.
3	Einstich in der Bohrung und in der Stirnausdrehung eindrehen mit Plandrehwerkzeug (Abbild. 28).	Außenkante anrunden.
4	Bohrung reiben mit Werkzeug in unabhängiger Aufreibvorrichtung (Kurve verkürzt).	Nabenkante anrunden, Kurve verkürzt. Werkzeug aus- und einspannen.

Abb. 123. Schieberad auf Vier-Spindel-Futter-Automat. Werkstoff: ECN 45. Spindeldrehzahl 65 U/min. Schnittgeschw. 28 m/min. Arbeitsweg d. Hauptschlittens 28 mm, Vorschub d. Hauptschlittens 0,09 mm/Umdr. Stückzeit: 300 sek.

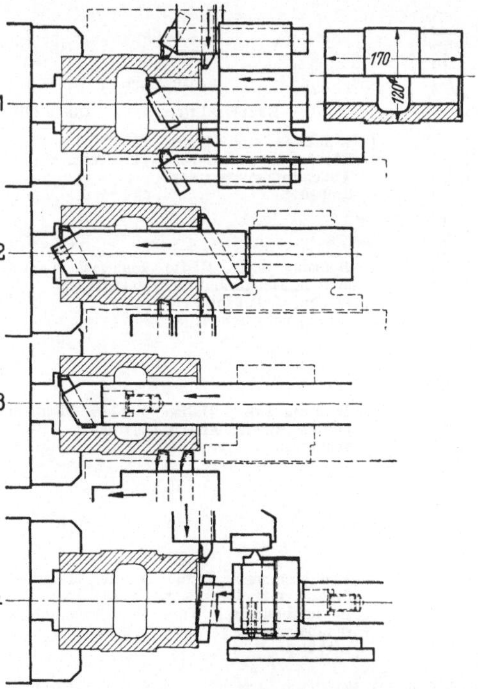

Arbeitsfolge

Spindel	Hauptschlitten	Querschlitten
1	Bohrung erste Hälfte vordrehen, Außendurchmesser mit 2 Stählen überdrehen, Einpaß vorstechen, Werkzeuge im Blockstahlhalter zusammengefaßt.	Stirnfläche vordrehen.
2	Bohrung zweite Hälfte vordrehen, Einpaß nachdrehen.	Stirnfläche nachdrehen und außen Absatz anrunden.
3	Bohrung fertigbohren, ganze Länge mit Werkzeug in unabhängiger Vorschubeinrichtung.	Außendurchmesser nachdrehen mit Langdrehschlitten, vom Hauptschlitten gesteuert.
4	Innere Planfläche nachdrehen mit Plandrehwerkzeug, unabhängig gesteuert (Kurve verkürzt).	Äußere Stirnfläche nachdrehen (Kurve verkürzt), Werkstück aus- und einspannen.

Abb. 124. Büchse auf Vierspindel-Futter-Automat. Werkstoff: GG. 18.91. Spindeldrehzahl 190 U/min. Schnittgeschw. 72 m/min. Arbeitsweg d. Hauptschlittens 74 mm, Vorschub des Hauptschlittens 0,14 mm/Umdr. Stückzeit: 166 sek.

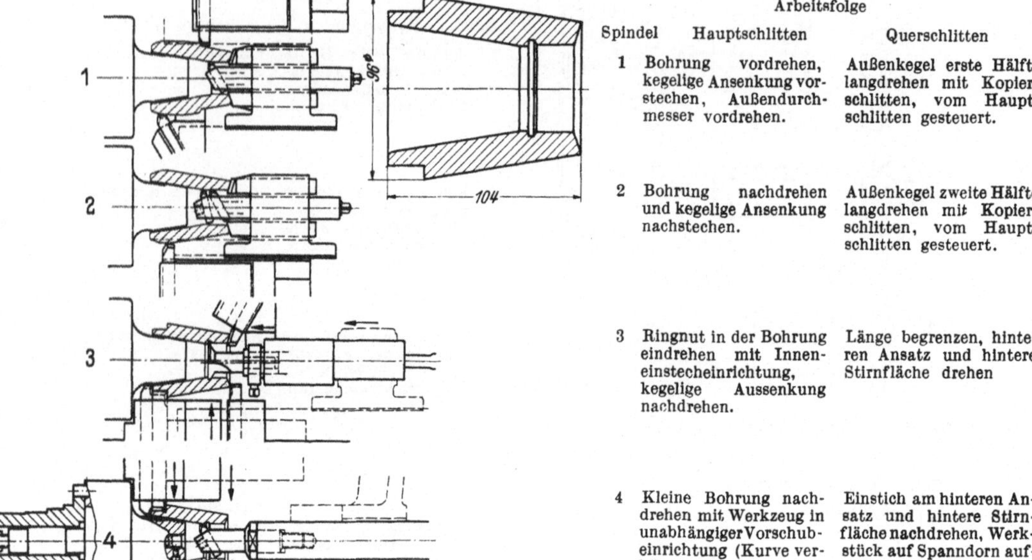

Abb. 125. Kopfstück auf Vierspindel-Futter-Automat. Werkstoff: St. 60.11. Spindeldrehzahl 210 U/min. Schnittgeschw. 66 m/min. Arbeitsweg d. Hauptschlittens 36 mm, Vorschub d. Hauptschlittens 0,07 mm/Umdr. Stückzeit: 150 sek.

Arbeitsfolge

Spindel	Hauptschlitten	Querschlitten
1	Bohrung vordrehen, kegelige Ansenkung vorstechen, Außendurchmesser vordrehen.	Außenkegel erste Hälfte langdrehen mit Kopierschlitten, vom Hauptschlitten gesteuert.
2	Bohrung nachdrehen und kegelige Ansenkung nachstechen.	Außenkegel zweite Hälfte langdrehen mit Kopierschlitten, vom Hauptschlitten gesteuert.
3	Ringnut in der Bohrung eindrehen mit Inneneinstecheinrichtung, kegelige Aussenkung nachdrehen.	Länge begrenzen, hinteren Ansatz und hintere Stirnfläche drehen
4	Kleine Bohrung nachdrehen mit Werkzeug in unabhängiger Vorschubeinrichtung (Kurve verkürzt).	Einstich am hinteren Ansatz und hintere Stirnfläche nachdrehen, Werkstück auf Spanndorn auf- und abspannen.

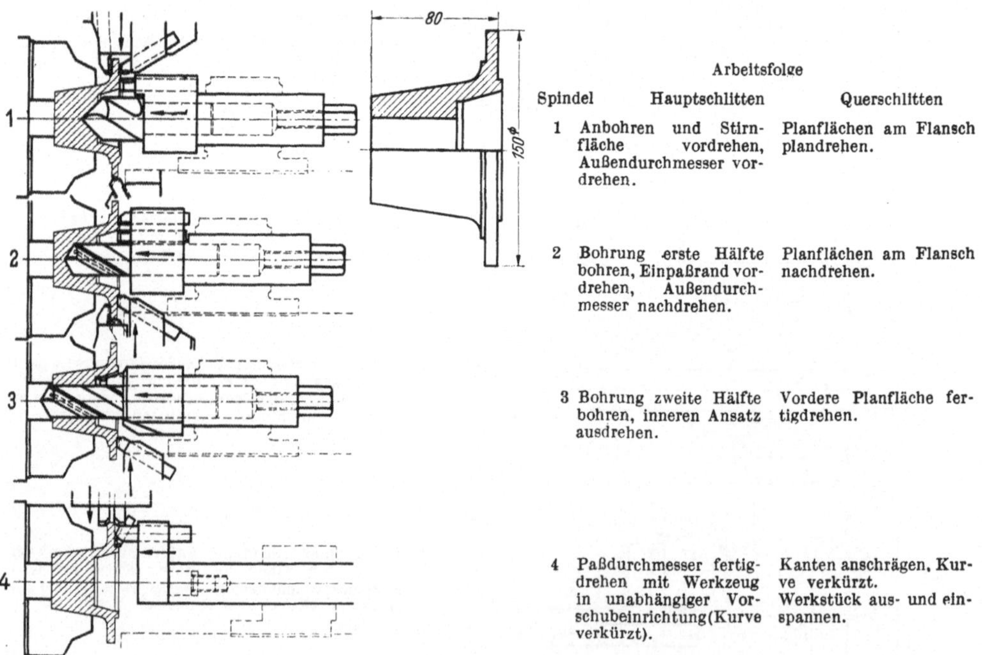

Abb. 126. Kupplungsflansch 1. Einspg. auf Vier-Spindel-Futter-Automat. Werkstoff: St.C. 35.61. Spindeldrehzahl 95 U/min. Schnittgeschw. 46 m/min. Arbeitsweg des Hauptschlittens 30 mm, Vorschub des Hauptschlittens 0,09 mm/Umdr. Stückzeit: 210 sek.

Arbeitsfolge

Spindel	Hauptschlitten	Querschlitten
1	Anbohren und Stirnfläche vordrehen, Außendurchmesser vordrehen.	Planflächen am Flansch plandrehen.
2	Bohrung erste Hälfte bohren, Einpaßrand vordrehen, Außendurchmesser nachdrehen.	Planflächen am Flansch nachdrehen.
3	Bohrung zweite Hälfte bohren, inneren Ansatz ausdrehen.	Vordere Planfläche fertigdrehen.
4	Paßdurchmesser fertigdrehen mit Werkzeug in unabhängiger Vorschubeinrichtung (Kurve verkürzt).	Kanten anschrägen, Kurve verkürzt. Werkstück aus- und einspannen.

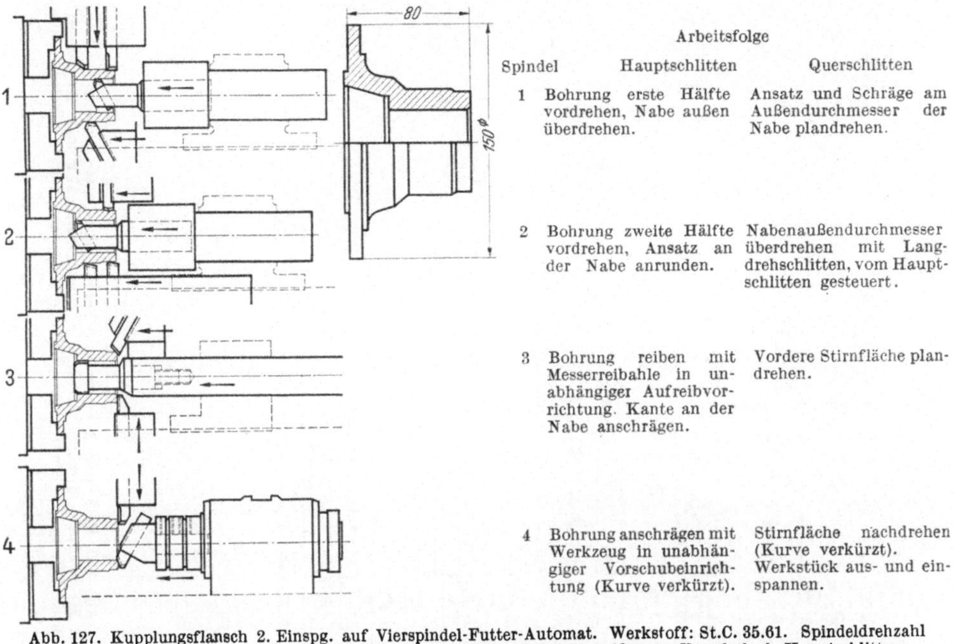

Arbeitsfolge

Spindel	Hauptschlitten	Querschlitten
1	Bohrung erste Hälfte vordrehen, Nabe außen überdrehen.	Ansatz und Schräge am Außendurchmesser der Nabe plandrehen.
2	Bohrung zweite Hälfte vordrehen, Ansatz an der Nabe anrunden.	Nabenaußendurchmesser überdrehen mit Langdrehschlitten, vom Hauptschlitten gesteuert.
3	Bohrung reiben mit Messerreibahle in unabhängiger Aufreibvorrichtung. Kante an der Nabe anschrägen.	Vordere Stirnfläche plandrehen.
4	Bohrung anschrägen mit Werkzeug in unabhängiger Vorschubeinrichtung (Kurve verkürzt).	Stirnfläche nachdrehen (Kurve verkürzt). Werkstück aus- und einspannen.

Abb. 127. Kupplungsflansch 2. Einspg. auf Vierspindel-Futter-Automat. Werkstoff: St.C. 35.61. Spindeldrehzahl 150 U/min. Schnittgeschw. 39 m/min. Arbeitsweg d. Hauptschlittens 40 mm, Vorschub d. Hauptschlittens 0,15 mm/Umdr. Stückzeit: 116 sek.

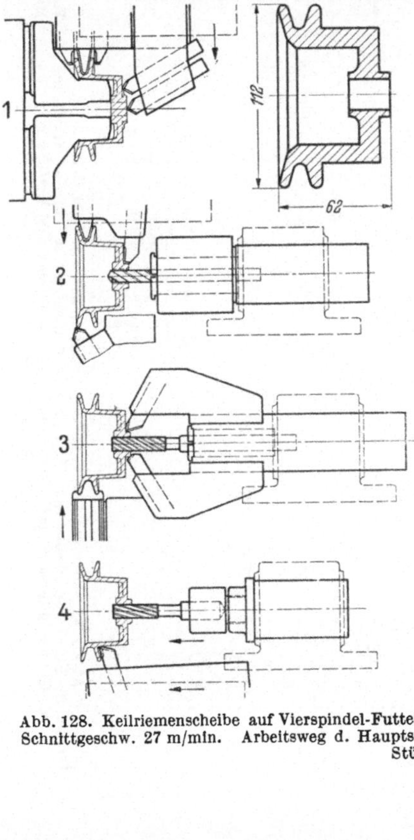

Arbeitsfolge

Spindel	Hauptschlitten	Querschlitten
1	(Werkstück vorher eingespannt)	Stirnflächen plandrehen, Keilnute vorstechen und Rillenseitenflächen plandrehen (Kurve verkürzt).
2	Bohrung vorbohren, Außendurchmesser überdrehen.	Keilnute nachstechen und Planfläche nachdrehen.
3	Bohrung nachsenken, Nabe überdrehen und anschrägen.	Keilnute fertigformen mit Rundformstahl.
4	Bohrung reiben.	Nabendurchmesser kegelig überdrehen mit Langdrehschlitten vom Hauptschlitten gesteuert.

Abb. 128. Keilriemenscheibe auf Vierspindel-Futter-Automat. Werkstoff: Temperguß Spindeldrehzahl 75 U/min. Schnittgeschw. 27 m/min. Arbeitsweg d. Hauptschlittens 25 mm, Vorschub d. Hauptschlittens 0,1 mm/Umdr. Stückzeit: 135 sek.

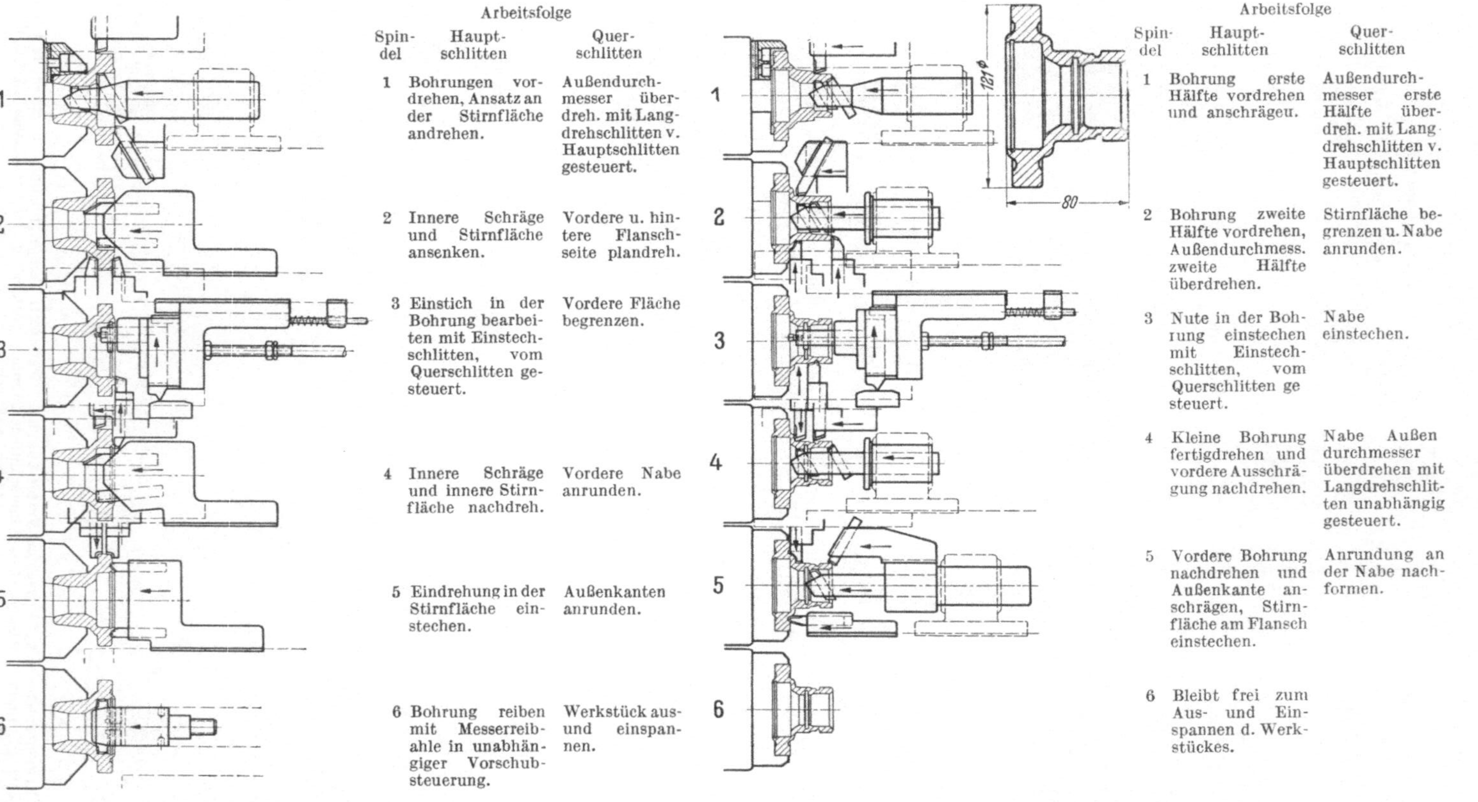

Abb. 129. Radkörper 1. Einspg. auf Sechsspindel-Futter-Automat. Werkstoff: EC 80. Spindeldrehzahl 118 U/min. Schnittgeschw. 47 m/min. Arbeitsweg d. Hauptschlittens 26 mm. Vorschub d. Hauptschlittens 0,06 mm/Umdr. Stückzeit: 132 sek.

Abb. 130. Radkörper 2. Einspg. auf Sechsspindel-Futter-Automat. Werkstoff: EC 80. Spindeldrehzahl 132 U/min. Schnittgeschw. 37 m/min Arbeitsweg d. Hauptschlittens 24 mm, Vorschub d. Hauptschlittens 0,1 mm/Umdr. Stückzeit: 120 sek.

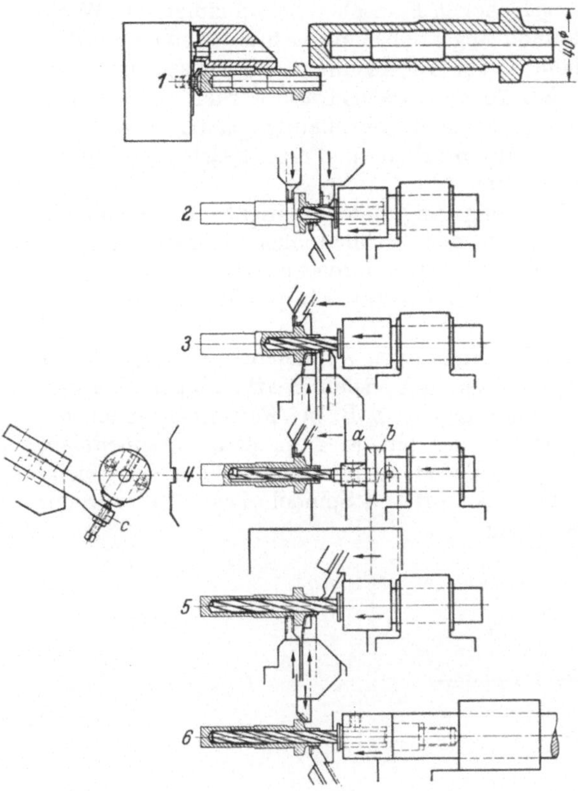

	Arbeitsfolge		
	Spindel	Hauptschlitten	Querschlitten
1	Bleibt frei zum Aus- und Einspannen des Werkstückes.		Bleibt frei zum Aus- und Einspannen des Werkstückes.
2	Bohrung erstes Viertel bohren, vorderen Ansatz überdrehen.		Stirnfläche begrenzen und Planfläche hinter dem Bund drehen.
3	Bohrung tiefer bohren, Bundaußendurchmesser überdrehen.		Stirnfläche nachdrehen. Vordere Planfläche am Bund vordrehen.
4	Bohrung vergrößert tiefer bohren mit Sonderbohrer (siehe Abb. 132). Bundaußendurchmesser nachdrehen.		Steuerung des Bohrerhalters auf dem Hauptschlitten.
5	Bohrung letztes Stück bohren und innen anschrägen.		Bund, vordere und hintere Stirnfläche nachdrehen.
6	Bohrung ganze Tiefe nachsenken mit Werkzeug in unabhängiger Aufreibvorrichtung. Vorderen Ansatz nachdrehen.		Kante am Bund anschrägen.

Abb. 131. Spindelgehäuse auf Sechsspindel-Futter-Automat. Werkstoff: GG. Spindeldrehzahl 385 U/min. Schnittgeschw. 55 m/min. Arbeitsweg d. Hauptschlittens 40 mm, Vorschub d. Hauptschlittens 0,12 mm/Umdr. Stückzeit: 55 sek

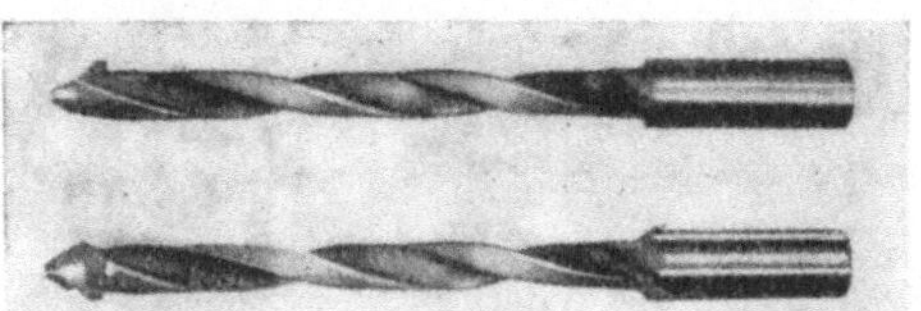

Abb. 132. Spiralbohrer in Sonderausführung zu Abb. 131 Spindel 4.

Der Bohrer auf der 4. Spindel Abb. 131 hat einen einseitig angeschnittenen Kopf, so daß nur die eine Lippe voll erhalten bleibt. Der Bohrer sitzt in einem Halter a, der radial in dem Grundhalter b verschiebbar gelagert ist. Nachdem der Bohrer in versetzter Lage durch den bereits vorher bearbeiteten Teil der Bohrung geschoben wurde, schiebt der Anschlag c am gegenüberliegenden Querschlitten den Halter a so lange den Bohrer auf Mitte, bis der Kopf des Bohrers die weitere Bohrung vergrößert ausbohrt.

X. Schlußbetrachtung.

Mit den gezeigten Arbeitsbeispielen konnte nur ein Querschnitt durch die außergewöhnlich vielseitigen Bearbeitungsmöglichkeiten auf Mehrspindelautomaten gegeben werden. Kaum eine andere Bauart von normalen Werkzeugmaschinen läßt sich durch entsprechende Gestaltung der Werkzeugeinrichtung und Auswahl der Ausrüstung so wirksam als Sondermaschinen höchster Leistung einsetzen.

Dem Werkzeugkonstrukteur bieten sich immer neue Möglichkeiten, durch zusätzliche Vorrichtungen auch verwickelte Werkstücke auf der Maschine fertig zu bearbeiten. Z. B. können Befestigungslöcher in Flanschen bei umlaufendem Werkstück durch Werkzeuge in gleichlaufend angetriebenen Büchsen gebohrt werden. In gleicher Weise sind entsprechend auch Einfräsungen oder Langnuten bearbeitbar. Kerbverzahnungen od. dgl. können wälzgefräst werden. Vier- oder Sechskant-Profile lassen sich am Umfang durch ein gegenläufig angetriebenes Mehrschneidenwerkzeug vom Querschlitten aus bearbeiten. Fertig bearbeitete Durchmesser lassen sich durch Druckrollen glätten.

Anregungen zu solchen, die Ausbringung steigernden Einrichtungen erhält der Fertigungsmann durch Zusammenarbeit mit den Automatenherstellern. Außerdem sei hier auf das Studium der in der Fußnote[1] genannten amerikanischen Sonderzeitschrift hingewiesen, die auch Einrichtungen für Einspindelautomaten und Revolverbänke behandelt.

Neuerdings werden in größerem Umfang auch 8-spindelige Automaten für Stangen- u. Futterarbeiten bei Werkstücken mit vielen Bearbeitungsstufen eingesetzt. Diese Maschinen sind auch gut geeignet, z. B. bei Futtermaschinen, die Bearbeitung beider Seiten eines Werkstückes auf je 4 Spindeln vorzunehmen, wobei stets um 2 Teilungen zu schalten ist. Bei Stangenautomaten können 2 gleiche oder auch verschiedene ähnliche Werkstücke auf je 4 Spindeln bearbeitet werden, wenn diese für die Arbeitsfolge ausreichen.

----

[1] Screw Machine Engineering, Rochester 14, N. Y. (U. S. A.)

(Fortsetzung 4. Umschlagseite)